寸草春晖

传统文化典籍中的家学智慧

蒙曼 著

中国妇女出版社

图书在版编目（CIP）数据

寸草春晖 ：传统文化典籍中的家学智慧 / 蒙曼著
. -- 北京 ：中国妇女出版社，2022.9（2024.4重印）
ISBN 978-7-5127-2123-4

Ⅰ.①寸… Ⅱ.①蒙… Ⅲ.①家庭道德－中国－通俗读物 Ⅳ.①B823.1-49

中国版本图书馆CIP数据核字（2022）第061468号

项目统筹：廖晶晶　应　莹
责任编辑：王海峰
责任印制：李志国

出版发行：中国妇女出版社
地　　址：北京市东城区史家胡同甲24号　　邮政编码：100010
电　　话：（010）65133160（发行部）　　65133161（邮购）
邮　　箱：zgfncbs@womenbooks.cn
法律顾问：北京市道可特律师事务所
经　　销：各地新华书店
印　　刷：北京中科印刷有限公司

开　　本：150mm×215mm　1/16
印　　张：15.5
字　　数：130千字
版　　次：2022年9月第1版　　2024年4月第8次印刷
定　　价：59.80元

如有印装错误，请与发行部联系

序言

世界上恐怕没有哪个民族像中华民族一样重视家庭。

在古代中国人心里，家庭酝酿着一切社会关系。比如，我们会说，师徒如父子，这是把师生关系比拟成了父子关系；我们还会说，四海之内皆兄弟，这是把朋友关系比拟成了兄弟关系。再比如，古代有那么多男性诗人喜欢写闺怨诗，如王昌龄的诗句“玉颜不及寒鸦色，犹带昭阳日影来”，他们真的是在同情妇女吗？不是，他们是把君臣关系比拟成了夫妻关系，由此抒发自己不被重视的幽怨。

在古代中国人心里，家庭也蕴含着全部伦理道德。所谓父慈子孝、兄友弟恭的家庭伦理，很容易就能转化成相应的政治伦理。无论是“父母官”的说法，还是“求忠臣必于孝子之门”的选官原则，都让我们明白，“家国一体”正是古代中国最突出的文化特色。儒家“亚圣”孟子曾说：“天下之本在国，国之本在家，家之本在身。”在私人意义上的身与公共意义上的国之间，家是重要的连接点。家既属于私，也属于公，处在私情与公义的交织之中。家让每个中国人获得庇护，也获得成长。

正因为如此，成家是严肃而喜悦的。“关关雎鸠，在河之洲。窈窕淑女，君子好逑。”男女相爱不是目的，成家才是目的。家是君子和淑女的最终归宿。

家庭关系是温暖而井然有序的。“昼出耘田夜绩麻，村庄儿女各当家。童孙未解供耕织，也傍桑阴学种瓜。”一个家庭之中，男有分，女有归，幼有所育，老有所养，温馨和谐之中自然生成一种各得其所的秩序感。

家庭对人的教化是潜移默化的。“孟母三迁”也罢，“欧母画荻”也罢，管夫人的小诗“春晴今日又逢晴，闲与儿曹竹下行。春意近来浓几许，森森稚子石边生”也罢，其中的期待自然是满满的，但一切又都在不言中，可让人感受到润物无声的力量。

然而一切都润物无声也不行。有人去躬行实践，就得有人去做理论总结。中国的家训文化源远流长。从“周公吐哺，天下归心”的故事到诸葛亮的《诫子书》，从颜之推的《颜氏家训》到朱柏庐的《朱子治家格言》，政治家和思想家都曾把目光聚焦于家庭，他们希望自己的家族绵延不绝，也希望天下的家庭兴旺发达。他们可能在其他地方没少说假话，但是面对自己的子孙时，他们的态度是真诚的、心地是善良的，他们想出来的办法也都是温厚可行的。我们今天仍然为之感动，并且愿意尝试他们的方法，来解决我们当下的家庭教育问题。

当年，朱熹把人生教育分为小学和大学两个阶段。其中，小学是学规矩、学做人。这也正是我们今天讲家学、家教与家风最重要的内容。这样的“小学”培养着“大道”，蕴含着超越时代的智慧和力量。

我的这本书讲的就是上述内容，具体包含“古典诗词中的女性与家庭”“经典家训中的育人智慧”和“‘小学’与‘大道’”三部分内容。在此之前，则以“诗词里的中国精神”作为引领。本书之名“寸草春晖”，自然是脱胎于唐代诗人孟郊讴歌母亲的名句：“谁言寸草心，报得三春晖。”古代家庭是绝大部分女性的唯一舞台，她们殚精竭虑，把全部的光芒都贡献给了这个舞台。直到今天，家庭仍然是女性的重要现场，女性在家庭中长养出来的深谋远虑、大局意识、灵活身段、共情能力、沟通技巧终于有了双重意义：一方面，她们仍然是家庭的顶梁柱；另一方面，她们也是社会的生力军。

护我是家，助我是家，促我还是家。每棵“小草”都是家里不可或缺的太阳，每个家庭也应当成为“小草”心头的融融暖阳。

目录

中篇　经典家训中的育人智慧

下篇　“小学”与“大道”

引子

诗词里的中国精神

梅、兰、竹、菊“四君子”

我们常说，姑娘好像花一样。这自然是对女性的赞美。问题是，中国的女性到底像什么花呢？我以为，最适合比喻中国女性的花应该是梅、兰、竹、菊四种。

在传统文化中，梅、兰、竹、菊合称“四君子”。也就是说，它们不仅有花朵之色，更有君子之风。而“君子”作为一种人格追求，其实不仅属于男子，也可以属于中国的女性。

以草木比德，这是中国一个很悠久的传统，从《诗经》《楚辞》就开始了。《诗经》中有“桃之夭夭，灼灼其华。之子于归，宜其室家”的诗句，这是拿桃花比新娘。《楚辞》之中更明显，“后皇嘉树，橘徕服兮，受命不迁，生南国兮”，这是拿橘树比忠臣。

到了宋朝以后，《楚辞》奠定的香草美人的传统进一步发扬光大。宋朝理学兴起，士人重视精神修养，连带着他们认为花草树木也不能只是好看，还要表现出士人赞赏的节操和品格。这样一来，裁冰剪雪的梅花、孤芳自赏的兰花、劲节潇洒的翠竹、淡泊冷艳的菊花就进入文人的法眼，成了咏物诗的热门题材，也成了文人画的热门题材。

但是，真正把梅、兰、竹、菊单挑出来，使其成为一个组合，并代表中国人的精神追求，是明朝时期的事。明代黄凤池编《梅竹兰菊四谱》，单收梅、兰、竹、菊四种题材的作品，还加了一个批注——四君子。人们觉得这个概括非常有力，从此梅、兰、竹、菊“四君子”的名声不胫而走，成了中国精神的代表。

梅：傲骨铮铮

在“四君子”中，我们先说梅花。在我们中国，到底有多少女性名字中有“梅”字呢？我猜测，应该有几百万吧！常见的名字有冬梅、春梅、寒梅、雪梅、红梅、白梅……把“梅”放在名字里，其实就是希望把梅花的品格烙印在人生之中。

梅花到底有怎样的品格呢？梅花的好在于凌霜傲雪，所以人们往往把它跟雪放在一起比。

比如，卢梅坡的“梅须逊雪三分白，雪却输梅一段香”，王安石的“遥知不是雪，为有暗香来”，都是著名的咏梅诗句。但是我们今天不讲雪梅，也不讲红梅，甚至

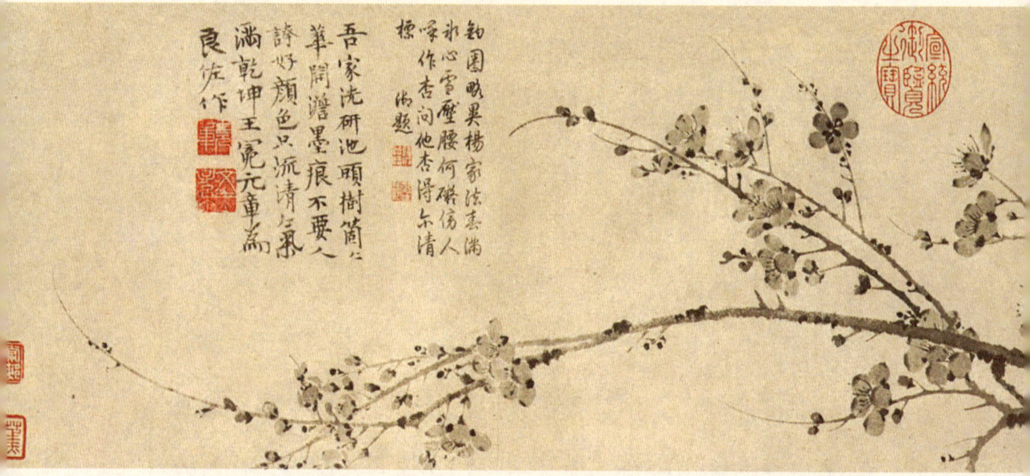

王冕所绘《墨梅图》

不讲任何一种真实的梅花。我们讲画出来的梅花——王冕的《墨梅》。

吾家洗砚池头树，个个花开淡墨痕。
不要人夸好颜色，只流清气满乾坤。

这是一首题画诗，它所吟咏的《墨梅图》纵31.9厘米、横50.9厘米，收藏于故宫博物院，我们现在还能看到。这首诗还有一个版本：

我家洗砚池头树，朵朵花开淡墨痕。
不要人夸颜色好，只留清气满乾坤。

两个版本有几处文字差异，但是不影响大局，我就不分开说了。

画家自己画梅花，自己写诗吟咏，其实等于给画写一段解说词，自明心迹。这样的诗怎么写呢？

前两句："吾家洗砚池头树，个个花开淡墨痕。"这两句起得有趣。有趣在哪里？一语双关。你既可以理解为

“我所画的这一树梅花就开在我家洗砚池的池头，因为得到了墨汁的滋养，每一朵花都带着淡淡的墨痕”，也可以直接理解为“这是我用笔墨勾勒出来的一树梅花，每一朵花都带着淡淡的墨痕”。这就是双关，既点出了梅，也点出了画。

值得注意的是三个词：第一个，吾家；第二个，洗砚池；第三个，淡墨。

“吾家”是什么意思？一说“吾家”，一下就把梅和人联系在一起了。这一树梅花，不是“驿外断桥边，寂寞开无主”，也不是“前村深雪里，昨夜一枝开”，也就是说它并不是开在人迹罕至的地方，就开在“我”家里，和主人非常亲近。“我”家的梅花，自然带着“我”家的风味、“我”家的精神。那么，“我”家到底有着怎样的精神？看第二个词“洗砚池”就知道了。

洗砚池的典故出自东晋大书法家王羲之，他临池学书，以致池水尽黑。一个人，不汲汲于富，也不汲汲于贵，而是把全部精力投入笔墨事业，这难道不是一件非常清高的事情吗？

王羲之姓王，王冕也姓王，一笔写不出两个“王”

字。另外，王羲之是书画家，王冕也是书画家，虽然相隔千年，但是他们志趣相投。还有，王羲之秉性潇洒旷达，留下了东床坦腹的佳话，而王冕傲视权贵，一辈子不做官。王冕把王羲之当作精神前辈，那么王羲之的洗砚池当然也就是王冕的洗砚池，所以王冕才毫不迟疑地说“吾家洗砚池头树”。

“我”家是如此清高而风雅的人家，那么“我”家洗砚池头的梅树会有怎样的风范呢？看第三个词“淡墨”。

传统中国画里本来就有焦墨、浓墨、淡墨、清墨的区分。“个个花开淡墨痕”，当然可以理解成，“我”这树梅花用的是淡墨画法，但这只是表面的意思。更重要的是，作者这样一写，梅花一下就清雅了！本来是花，却不带胭脂色，而是带着墨痕，这不是美人，这分明是个君子呀！带着墨痕，这还不够，更重要的是带着“淡墨痕”。“个个花开淡墨痕”，一种清高气派由此生成，它不夸张、不做作，全在有意无意之间，真是清雅入骨。

问题是，墨色的梅花会吸引人吗？不好说。所谓万紫千红总是春，花朵最美的地方，不就在于万紫千红的颜色吗？墨梅的价值在哪里呢？看后两句：“不要人夸好颜色，只流清气满乾坤。”所谓“不要人夸好颜色”，真是一个斩钉截铁的否定句。否定的意义其实是在强调，强调什么呢？强调后一句“只流清气满乾坤”。这一树梅花不需要浓妆艳抹，自有悠远清香，这香气自会流布出去，流传下去，直至充塞天地之间。

这句诗真漂亮。漂亮在哪儿？自信而大气。以前诗人写梅花，清雅归清雅，但是不免有些小情调、小气象。比如，陆游的《卜算子·咏梅》中的：“零落成泥碾作尘，只有香如故。”再比如，林逋的《山园小梅》中的：“疏影横斜水清浅，暗香浮动月黄昏。”这样的梅花自然是美的，但未免过于寥落。王冕的墨梅不一样。“只流清气满乾坤”，一个“满”字，何等自信，何等昂扬！眼前只是一树梅花、一缕清香。放眼望去，却是乾坤万里，满目生春，这是何等气魄！

梅花对自己的清气足够自信，才能够“不要人夸好颜色，只流清气满乾坤”。王冕对自己的人格和才情足够自信，才能够替梅花说出“不要人夸好颜色，只流清气满乾坤”。

同样，因为对我们国家的道路、理论、制度、文化高度自信，习近平总书记在十九届中共中央政治局常委同中外记者的见面会上吟咏出“不要人夸颜色好，只留清气满乾坤”，这不就是画格、诗格、人格、国格的高度统一嘛！

最后说说王冕吧。王冕是元末明初的画家和诗人，出身寒微，小时候白天给人放牛，晚上到寺院的长明灯下读书作画，终成长为一个大才子，得大名于天下。连朱元璋都来网罗他，但他不慕荣利，布衣终生，算是神仙一流人物。

更难得的是，王冕生活在元朝的动乱年代，历经坎坷，内心却一直非常强大。他画的梅花枝繁花密，他写的诗元气充沛。这幅《墨梅图》，这首《墨梅》，珠联璧合，堪称“双璧”。

兰：空谷幽放

兰花也是中国女性的心头好。带“兰”字的女性名字，最常见的大概就是春兰，这是非常有道理的，因为梅花是冬天开放的花，而兰花是春天开放的花。这就注定这两种花的精神价值肯定是不一样的。

梅花冬天开放，要耐得住风雪的考验，才能一枝独秀。梅花的精神价值在于傲，我们经常说傲雪寒梅。

兰花春天开放，而春天正是万紫千红的时候。生在百花丛中，对兰花最大的考验应该是如何耐得住寂寞，因此兰花的精神价值在于“幽”，我们经常说空谷幽兰。所谓“幽”，就是孔夫子说的“不以无人而不芳”。

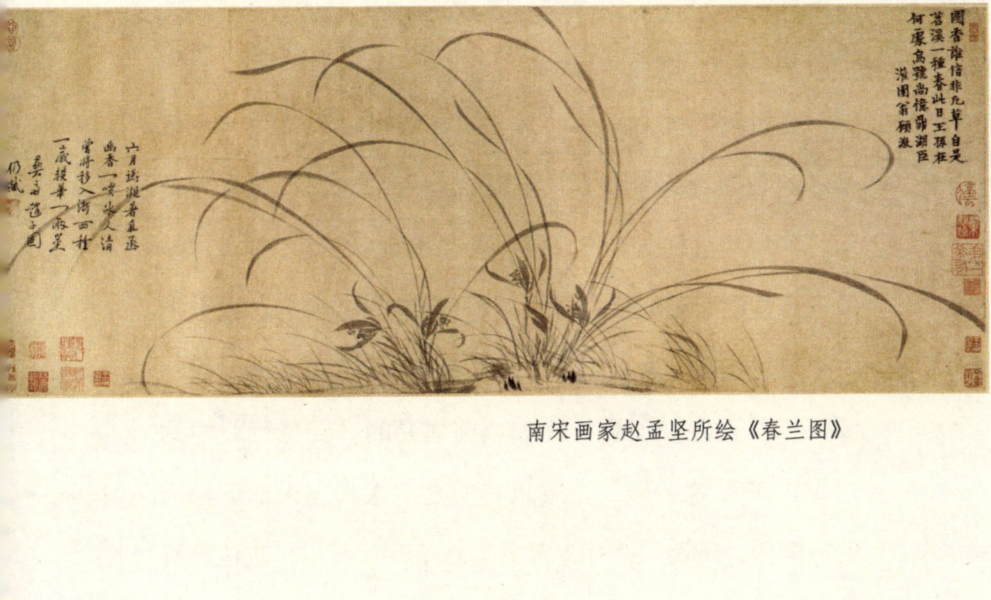

南宋画家赵孟坚所绘《春兰图》

这种精神用诗怎么表现呢？下面，我跟大家分享唐代张九龄的《感遇十二首·其一》：

兰叶春葳蕤，桂华秋皎洁。欣欣此生意，自尔为佳节。
谁知林栖者，闻风坐相悦。草木有本心，何求美人折！

先说前两句：“兰叶春葳蕤，桂华秋皎洁。”意思是，兰花在春天繁茂，而桂花在秋天皎洁。可能有人会问，难道兰花只有叶子，桂花只有花吗？当然不是。这涉及古诗词中所谓的互文手法，为了诗句的审美，诗人会把一个意思分开，放到两处来说，但是我们在解读的时候，要互相补充着来理解。比如，白居易的《琵琶行》中的“主人下马客在船”，意思其实是主人和客人都下马上船。同样，所谓“兰叶春葳蕤，桂华秋皎洁”，应该理解为：兰在春天，桂在秋天，它们的枝叶多么繁盛茂密，它们的花朵多么清雅皎洁！

那作者为什么要说这两种花呢？看下两句：“欣欣此生意，自尔为佳节。”它们这般生机盎然，自然而然地成就了美好的节操。当然，还有一种解释，兰花、桂花生机盎然，因而让春、秋两季成为美好的季节。哪一种解释好呢？我个人倾向于第一种。这四句诗有共同的主语，就是兰和桂。兰和桂葳蕤，兰和桂皎洁，兰和桂生机勃勃，兰和桂节操美好，这是顺的。而兰和桂葳蕤，兰和桂皎洁，兰和桂生机勃勃，兰和桂让春、秋两季成为美好的季节，把春、秋变成了第四句的落脚点，这有点儿不顺畅。

那按照第一种解释，这四句诗意味着什么呢？意味着一种自在的美好。春兰秋桂就那么自自在在地开放着，也自自在在地成就着自己生命的美好。其实，第二种解释问题也不大，春兰秋桂就那么自自在在地开放着，也自自然然地成就着春天和秋天的美好。它们的美好全凭本心，不假外求，不为人知，也不求人知。这是前四句，都在讲花。

接着，诗句有了波澜，从花转到人。什么波澜呢？“谁知林栖者，闻风坐相悦。”有一位在山林中栖息的隐士，因为闻到了兰花和桂花的香气，而对它们产生了爱慕之心。这句诗真精妙，精妙在哪里？在“闻风”。“闻风”背后有一个典故。孟子曰：“圣人，百世之师也。伯夷、柳下惠是也。故闻伯夷之风者，顽夫廉，懦夫有立志；闻柳下惠之风者，薄夫敦，鄙夫宽。”中国自《楚辞》以来不是有用香草美人比喻道德君子的传统吗？所以，这兰花和桂花岂能只是植物界的琪花瑶草？它还暗指人世间的道德君子。所以，闻花草之香风的背后，也就是听闻了道德君子的言行。好的诗就好在这里，它用典故，但不强求读者知道典故。即使不知道相关典故，也不会影响读者对诗意的理解。当然，如果知道相关典故，就会更加会心。本来，兰花和桂花自自在在地开放着，一个“谁知”忽然引来了翻转。有一位隐士了解了它们的美好，也欣赏它们的美好。这是一个出乎意料的情况，大有让人措手不及之感。那么，出现了这种情况，接下来会怎样呢？

要知道，喜欢上兰花、桂花的不是一个在万丈红尘中追名逐利的俗人，而是一位林中隐士。也就是说，一个高洁之人，因为感受到了兰花和桂花的香气，或者说感受到了兰花和桂花的美德，而倾心于它们。这难道不好吗？我们可能会觉得，这是天大的好事呀，因为这世上知音难求！伯牙鼓琴，子期知音，难道伯牙不该感动吗？女诗人鱼玄机所言“易求无价宝，难得有心郎”不也是这个道理吗？兰花和桂花与林栖者堪称绝配！既然如此，兰花、桂花是不是应该感激涕零，翩翩起舞呢？

看最后两句：“草木有本心，何求美人折！”草木春荣秋华、吐露芬芳乃是出于本性，岂会追求美人的欣赏攀折！这美人是谁？就是刚刚说的林栖者呀！这位林栖的隐士，是个美人，他本身就是一个高洁之人，因兰花和桂花的香气而来。可是，兰花和桂花给出的答复居然是——“草木有本心，何求美人折！”会不会有人觉得，这太不领情了，完全不符合我们对“同声相应、同气相求”的期待？这兰花和桂花是不是太傲慢了？这不是傲慢，这是孤介，就是耿直方正。

试想，如果兰花和桂花有心求美人欣赏，那还是空谷幽兰吗？那就是终南捷径了！这兰花和桂花是孤介的，它们芬芳是出自本性，它们不求美人而美人自来，犹如君子的美德出自天性，不求伯乐而伯乐自至。君子之交淡如水，这不才是更为高洁的境界嘛！

这样的追求孤介不孤介？孤介！幽独不幽独？幽独！美不美？真美！我们现在经常讲慎独，其实兰花才真是慎独的代表。兰花为什么能够做到慎独？因为它有“本心”。当年，孔子的弟子子贡问他：“贫而无谄，富而无骄，何如？”孔子回答说：“可也，未若贫而乐，富而好礼者也。”什么意思呢？所谓“贫而无谄，富而无骄”，还有点硬要这么做的意思，而“贫而乐，富而好礼”却显示出一种真心实意的乐在其中。这就像兰花的本心。只要本心芬芳，外界的诱惑也好，打击也罢，都没有意义！这才是慎独最真实的基础，也是兰花最美好的节操。

最后说说张九龄。张九龄是开元盛世最后一位贤相，也是一位风度翩翩的君子。他在位后期，受到李林甫的排挤，被贬为荆州长史。就是在荆州长史任上，张九龄写下十二首《感遇》，以诗明志。这首是其中之一，也是张九龄人格的写照。

得意也好，失意也罢，本心不变，芬芳不改！有这样的兰花开遍山野，有这样的君子立于朝堂，开元盛世才有我们现在看到的璀璨光华。

竹：坚劲潇洒

“竹”也常出现在女性的名字中，比如大家熟悉的实业家董竹君、革命烈士江竹筠，她们的人生品格堪比青青翠竹。

竹子挺拔、修长，形象十分美好，很早就被用于比喻君子。比如《诗经》中的《卫风 · 淇奥》云：“瞻彼淇奥，绿竹猗猗。有匪君子，如切如磋，如琢如磨。”这就是以竹子起兴，引出君子。

魏晋南北朝时期，贵族们尤其喜欢竹子。曹魏时期有竹林七贤。东晋王羲之的《兰亭序》中君子雅集的场所一定是“崇山峻岭，茂林修竹”，他的儿子王徽之更厉

郑板桥所绘《竹石图》

害，哪怕临时租房，也要在房前屋后种竹子。别人劝他何必费事，他眼睛一瞪，说："何可一日无此君！"

此后写竹子的诗一直不少，诗人主要是用竹子"清"的意象。比如，王维的"竹喧归浣女，莲动下渔舟"，孟浩然的"荷风送香气，竹露滴清响"，真是一点儿烟火气都没有！确切地说，是有着很浓的贵族趣味！但是，竹子的意象，远比这丰富。下面，我跟大家分享郑板桥的《竹石》，看看在郑板桥心目中，竹子是什么形象。

咬定青山不放松，立根原在破岩中。

千磨万击还坚劲，任尔东西南北风。

这首诗的篇名叫《竹石》，不过作者写的不是真实的竹子和石头，而是一幅《竹石图》。所以，这是一首题画诗。

郑板桥是"扬州八怪"的代表人物，他"怪"的地方很多。比如画画，他一生只画兰、竹、石三样。为什么呢？他说，这是"四时不谢之兰，百节长青之竹，万古不败之石，千秋不变之人"。这就不是欧洲传统的写生，而是具有中国气派的写意了。换句话说，郑板桥画的不仅是竹子，更是竹子的精神。

什么精神呢？顽强而潇洒。顽强体现在哪里？在前两句："咬定青山不放松，立根原在破岩中。"这竹子立根原在破岩中，它的根基好吗？并不好！它不是水边竹，不是宅院竹，它的根基所在之处不是松软肥沃的土地，而是裸露破碎的山石。但是，竹子就从这荒凉的石头缝里长出来了，怎么长呢？"咬定青山不放松"，一个"咬"字放在整首诗的开头，何等有力、何等传神！它的根基太薄弱了，它只能紧紧地咬着青山，绝不松口，才能在这山岩上存活下去，挺立起来。这是何等的执着而顽强呀！

那潇洒又体现在哪里呢？在后两句："千磨万击还坚劲，任尔东西南北风。"长在山岩上的竹子，是没有人精心呵护的。风吹来，它挺着；雨打来，它也挺着。它已经把根深深地扎在岩石里了，所以千磨万击都打不垮它。相反，在风雨的锤炼中，竹子越发坚韧、越发有力了。这样一来，它就有资格笑傲江湖了！"任尔东西南北风"，一个"任"字，何等潇洒啊！我们都会嘲笑墙头草——随风倒。小草在狂风面前无能为力，那是因为它自身太柔弱了。但这竹子不一样，它是能在岩石扎根的“勇士”，也是能跟风雨搏斗的“战士”，因而才能在八方风雨中站稳脚跟，傲然挺立。这还是王维、孟浩然笔下充满贵族趣味的青青翠竹吗？已经不是了！这竹子显现出来的是老百姓和平民知识分子真正的精神，他们出身一般，根基薄弱，但是凭自己坚忍不拔的精神也能在社会上站稳脚跟，获得精神上的升华。

这样的传统是从什么时候真正建立起来的？其实就是在宋朝，也就是梅、兰、竹、菊的精神初步定型的时代。说到宋朝，不由得让人想起另外一位爱竹子的知名人士苏东坡。苏东坡说过：“宁可食无肉，不可居无竹。无肉令人瘦，无竹令人俗。”同样，苏东坡在历史上也以“顽强潇洒”著称。他写过一首《定风波》，其中有这样几句：“莫听穿林打叶声，何妨吟啸且徐行。竹杖芒鞋轻胜马，谁怕？一蓑烟雨任平生。”郑板桥是“任尔东西南北风”，苏东坡是“一蓑烟雨任平生”，这两个“任”字背后，都是咬紧牙关的坚守。先有守住的勇气，才有潇洒的自由。

其实，中国咏物诗的精髓，就是托物言志。郑板桥的竹子背后，是郑板桥本人。郑板桥出身寒微，很早就失去了母亲，只能随父亲卖画为生。这不正是“立根原在破岩中”嘛！长大之后，他的人生之路也不顺畅，参加科举考试屡屡受挫，直到四十多岁才中了进士。但是，无论经历怎样的磨难，郑板桥从不低头、不苟且。这又可以说是“千磨万击还坚劲”。

正是这样的人生促成了郑板桥对竹子精神的挖掘。他写竹子根的诗句“咬定青山不放松，立根原在破岩中”，写竹子叶的诗句“衙斋卧听萧萧竹，疑是民间疾苦声。些小吾曹州县吏，一枝一叶总关情”，习近平总书记都曾引用过。这都是我们比较熟悉的。此外，郑板桥还写过竹子杆：“乌纱掷去不为官，囊橐萧萧两袖寒。写取一枝清瘦竹，秋风江上作渔竿。”

对郑板桥而言，竹子的一枝一叶都饱含着他对人生的体验、对理想的追求，所以他才能画出竹子的劲节，写出竹子的精神。他曾说过“四十年来画竹枝，日间挥写夜间思。冗繁削尽留清瘦，画到生时是熟时”。

菊：隐逸独立

“菊”出现于女性名字的例子太多了，有一部电影叫《秋菊打官司》，讲的是倔强的农家妇女秋菊的故事。

梅、兰、竹、菊“四君子”中，菊花入画最晚。梅花从南北朝时期就开始入画，兰花和竹子都是在唐朝入画，而大概到五代时期才有人把菊花当成绘画题材。虽然入画晚而且相关作品少，但是菊花入诗却相当早。屈原在《离骚》中说：“朝饮木兰之坠露兮，夕餐秋菊之落英。”这奠定了菊花高洁的形象，不过菊花真正确立自己在中国文化中的形象和地位，还要靠它最重要的知己，东晋时的陶渊明。陶渊明不为五斗米折腰，辞官归隐，在庐山脚下种

清代画家石涛所绘《陶渊明采菊图》

菜种菊、饮酒吟诗，过上了独立傲岸的生活。正是因为陶渊明的赏识，菊花奠定了自己恬淡隐忍的性格基调，所以我们今天才会有一个成语，叫“人淡如菊”。下面，我跟大家分享陶渊明所写菊花诗中最著名的一首——《饮酒·其五》。

结庐在人境，而无车马喧。问君何能尔？心远地自偏。
采菊东篱下，悠然见南山。山气日夕佳，飞鸟相与还。
此中有真意，欲辨已忘言。

这首诗可以分为三部分。第一部分是前四句。“结庐在人境，而无车马喧。问君何能尔？心远地自偏。”一开头，作者就描述了一个似乎不可能存在的场景。“结庐在人境，而无车马喧。”所谓人境，自然是人烟稠密、红尘滚滚，在这儿盖房子居住，怎么会没有车马喧闹呢？到第三、四句，作者一问一答，给出了答案：“问君何能尔？心远地自偏。”为什么没有喧闹啊？因为诗人的心已经远离尘世名利场，自然就感觉不到尘世的喧嚣。我们经常说，小隐在山林，大隐于市朝。远离红尘，隐居山林只是形式上的隐，未必真能摆脱名缰利锁，所谓“终南捷径”不就是这么回事儿吗？但是，如果真能做到物我两忘，那么即使在市井之中，乃至朝堂之上，人也可以得到宁静与自在。

问题是，摒弃了世俗追名逐利的价值观之后，人总要找到新的价值支点。这个价值支点到底在哪儿呢？换句话说，人到底为什么活，要怎么活呢？下面四句回答了这个问题：“采菊东篱下，悠然见南山。山气日夕佳，飞鸟相与还。”在自己家的篱笆下随意采一朵菊花，不经意间一抬头，南山一下子映入眼帘。这个南山是什么山？要知道，陶渊明是在柴桑隐居，柴桑就是今天的九江，而九江的南边，就是巍峨的庐山。大家都知道，庐山是何等雄伟的大山啊！李白的《望庐山瀑布》一诗中说：“飞流直下三千尺，疑是银河落九天。”可见其高。苏轼的《题西林壁》一诗中说：“横看成岭侧成峰，远近高低各不同。”可见其复杂。可是在陶渊明眼里，这座山既没有高大的压力，也没有复杂的压力。他就那么一抬头，南山一下就映入眼帘了，这是何等自然、何等闲适呀！

有人曾问，为什么是“悠然见南山”，而不是“悠然望南山”？很简单，因为见是无心的，而望是有心的。诗人既然已经“心远”，怎么还能做那么有心的事情呢？而且，所谓“悠然见南山”，不仅可以理解为诗人悠然而见南山，还可以理解成见南山之悠然。人也悠然，山也悠然！人和山既物我两忘，又彼此共鸣，这不就是天人合一嘛！

那么，南山是什么样子呢？看下面两句：“山气日夕佳，飞鸟相与还。”山岚缭绕，在夕阳的照耀下美不胜收，同时倦鸟知还，正成群结队地返回树林。陶渊明《归去来兮辞》中的“云无心而出岫，鸟倦飞而知还”，正可以做这两句诗的注解。所有这一切，这菊花、这南山、这云彩、这飞鸟、这诗人，没有任何心机，全凭自己的本性活动着。人和自然就在这种心境下充分和解，也充分融合。这才叫纵浪大化，返归自然。

在这样的生活中，陶渊明到底找没找到人生的意义呢？看最后两句，也是全诗的第三部分：“此中有真意，欲辨已忘言。”这样的生活中包含着人生的真谛，想要说出来，却找不到合适的语言。为什么“欲辨已忘言”？因为这里的真意，绝不是可用逻辑来思考的，而是要用心灵去感受。

我们中国讲进可攻、退可守，讲达则兼济天下、穷则独善其身。守也好，独善也罢，其实并不应该是失意后的无奈之举，而应是一种自觉自然的转身。转身之后，海阔天空，这样才会有悠然。否则，永远解不开的名缰利锁下，怎么会有悠然的采菊、悠然的南山、悠然的人生呢？

菊花是秋天开放的花朵，在北方，菊花开后，基本就没有别的花了。元稹所谓“不是花中偏爱菊，此花开尽更无花”，讲的就是这个道理。正因为如此，传统诗词写菊花，着眼点无非两个：一个是隐逸，代表作就是“采菊东篱下，悠然见南山”；另一个是晚节，代表作当推宋元之际郑思肖的“宁可枝头抱香死，何曾吹落北风中”。可能很多人以为，这两个着眼点相互矛盾，讲隐逸意味着看破了，而讲晚节则意味着还有坚持，有坚持就是没看破。是不是呢？话不能这么说。陶渊明之所以能够悠然见南山，其实恰恰是因为他坚持不为五斗米折腰，内心有最坚定的东西，才能放下其余。所以，菊花固然是恬淡悠然的，但是在恬淡悠然背后，菊花有着最强硬的风骨。这种恬淡与节操的统一，既属于菊花，也属于陶渊明。正如明朝名臣于谦所说：“黄花本是无情物，也共先生晚节香。”这才是真正的中国精神。

上篇

古典诗词中的女性与家庭

“村庄儿女各当家”中的天伦之乐

要了解今日中国女性之处境，乃至探索明日中国女性之方向，都不能抛开中国的历史与文化。然而，在传统文化中，女性的形象往往语焉不详，甚至直接付之阙如。但在诗词文化中，女性不仅是诗词作者凝视的客体，也是诗词创作的主体。所谓才女，在中国古代，几乎成了女诗人、女词人的代名词。

孔子说过：

小子何莫学夫《诗》？《诗》，可以兴，可以观，可以群，可以怨。迩之事父，远之事君。多识于鸟兽草木之名。

中国的古典诗词，内容不仅涵盖社会生活的方方面面，也写尽人们心中的悲愁喜乐。既然如此，我们何不通过古典诗词追踪中国古代女性的生活和情感，理解她们的挫折与奋斗，分享她们的欢乐与哀愁呢？

世界各国基本的社会细胞都是家庭，不同民族、不同文化的家庭观念各有差异，但普遍都珍重家庭的价值。在中国人世代传承的文化中，家庭观念更是无比重要。在中国古代，经典的小农家庭又被称作“五口之家”。这五口是怎么构成的呢？不是只有丈夫、妻子和儿女。中国传统文化最讲孝道和传承，所以理想的家庭形态应该包含三代人：爷爷奶奶，爸爸妈妈，还有一个孩子。一家有老有小、有男有女，真是和谐有序。

这样的家庭，怎么把日子过好呢？南宋田园诗人范成大的诗作《夏日田园杂兴》有几句是这样的：

昼出耘田夜绩麻，村庄儿女各当家。

童孙未解供耕织，也傍桑阴学种瓜。

这几句诗将中国古代普通家庭的生活描写得极其生动。所有的家庭成员都各司其职，每个人都能找到自己的位置。

先看前两句："昼出耘田夜绩麻，村庄儿女各当家。"诗人写家庭，既没从祖辈说起，也没从孙辈说起，而是直接写五口之家的顶梁柱——一对中年夫妻。

"昼出耘田"的丈夫，是家里的壮劳力，一家人吃饭都要靠他的劳动，他总是日出而作，日落而息。"夜绩麻"的自然是妻子，她是主妇，要照顾一家老小的生活。白天她哪有一点儿闲工夫！"蒸藜炊黍饷东菑"是她，"落叶添薪仰古槐"也是她。白天她围着一家人转，只有到了晚上，把一家老小都安顿好了，她才能有一点儿时间。这段时间太宝贵了，赶快坐下来纺麻吧！毕竟，一家人的衣服，都要靠她的一双手啊！她没有抱怨，家是自己的家，自己不经营，谁去经营呢？再说，村里哪一对夫妻、哪一户人家不是这样过日子呢？

这就是"昼出耘田夜绩麻，村庄儿女各当家"。男耕女织的性别分工写出来了，从早到晚的劳动内容写出来了，当家做主的责任感也写出来了。五口之家的重任担在这对成年夫妇肩上。抬眼是年迈的父母，俯首是稚嫩的儿女，他们辛苦劳动，顶门立户，不是理所当然吗？

何况，这顶门立户的辛苦中，又蕴藏着那么多希望和喜悦！希望和喜悦体现在哪里呢？看后两句："童孙未解供耕织，也傍桑阴学种瓜。"在中国人的观念里，个人不是一切，只是家族链条上的一个环节。这链条的一头是祖宗，另一头则是子孙。现在，这个家族的未来——童孙出现了。他还那么小，既不懂得耕，也不懂得织。但他毕竟是看着父母背影长大的农家子弟，就算是玩，他玩的也是农家的游戏。此刻，他在干什么？他正在桑树的阴凉下，磕磕绊绊地学着刨坑撒子儿，要种几棵甜瓜呢！

这个小小童孙，真是全诗的一个亮点。亮在哪里？亮在"学种瓜"这三个字上。就像文人的孩子从小咬文嚼字，武将的孩子从小舞枪弄棒一样，一个农家子弟自小就学着农家的活计，"谷雨前后，种瓜点豆"。这不就是耳濡目染的传承吗？看着小小的孩子开始学农活儿，辛劳的父母也会欣慰地笑起来。孩子勤快懂事，日子不就有奔头了吗？正所谓"从来好事天生俭，自古瓜儿苦后甜"，种瓜也预示着这一家人甜美的希望吧！

另外，借着“学种瓜”三个字，隐藏在背后的老一辈的形象也出来了。这小孩子跟谁学种瓜？虽然诗人没说，但我们从“童孙”这一称谓上知道，他是跟着爷爷奶奶学呢。五口之家，祖孙三代，儿子儿媳忙着养家糊口，爷爷奶奶也没闲着。古代中国是农业社会，经验至关重要。爷爷奶奶老了，体力不如年轻人，干不了重活儿，就带着孙子玩耍，既传授了生产经验，又传授了生活经验，还传授了规矩礼法。看着童孙健康成长，他们也“老有所为”，家族的链条就这样绵延下去，带着他们的奋斗，也带着他们的梦想。这不就是传统中国家庭最甜美的场景吗？

所以，这首诗好就好在这里，每个人都有自己的位置，每个人都有自己的价值。而且，这位置是相互配合的，这价值也是相互成就的。夫妻搭配，吃有了，穿有了，谁也不低于谁，谁也离不开谁。祖孙搭配，慈爱有了，训导有了，老人的晚年不失落，孩子的童年也不失所。一家三代人搭配，“老有所终，壮有所用，幼有所长”。假使社会由这样的家庭构成，那不就达到非常理想的境界了嘛！

可以想象，再过十年八年，这个家庭会变成什么样子呢？那一定是辛弃疾的《清平乐·村居》所描述的场景：

茅檐低小，溪上青青草。
醉里吴音相媚好，白发谁家翁媪？
大儿锄豆溪东，中儿正织鸡笼。
最喜小儿亡赖，溪头卧剥莲蓬。

随着时间的推移，老一代故去了。可喜的是，孩子又成长起来。原来那个“也傍桑阴学种瓜”的孩子，现在成了“锄豆溪东”的老大，接了爸爸的班。老二也懂事了，此刻正在织鸡笼呢。那一窝鸡可是妈妈的心头肉，现在孩子都能帮妈妈干活了。只剩老三还小呢，此刻正躺在溪头那块大青石上剥莲蓬吃。就让他吃去吧，反正家里也不缺这一个劳动力。再说了，在这么淳朴的家里长大，上面又有两个哥哥管着，他以后还能错得了吗？

看着眼前这三个孩子，那对曾经“昼出耘田夜绩麻”，累弯了腰，也累白了头的夫妻笑了。此刻他们已上了年纪，生活的重担逐渐转移到孩子们身上。孩子们长大了，他们还没抱上孙子，正处于人生最轻松的时候。干点儿什么好呢？“醉里吴音相媚好，白发谁家翁媪？”他们温一壶酒，小酌起来，这真是半生都没有过的自在时光啊！上一次这么高兴是什么时候？那还是“窈窕淑女，君子好逑”的时候吧！说着说着，他们心都醉了，年轻的时光又回来了。哎，到明年，也该给大儿子张罗媳妇了吧？生命也好，生活也罢，不就这样轮回下去了嘛！

传统的农耕文明逐渐离我们远去，但是传统的温情不曾远去。它存在于我们的记忆中，也存在于真切的生活里。如同现在，当看到各自奋斗也相互帮扶的年轻夫妻，看到爷爷奶奶带着孙子孙女走在去幼儿园的路上，看到一张张全家福上那一张张笑脸，我们心底还会自然而然地流淌出这首小诗：

昼出耘田夜绩麻，村庄儿女各当家。
童孙未解供耕织，也傍桑阴学种瓜。

缘起“淑女和君子”的佳偶观

关关雎鸠，在河之洲。窈窕淑女，君子好逑。
参差荇菜，左右流之。窈窕淑女，寤寐求之。
求之不得，寤寐思服。悠哉悠哉，辗转反侧。
参差荇菜，左右采之。窈窕淑女，琴瑟友之。
参差荇菜，左右芼之。窈窕淑女，钟鼓乐之。

众所周知，《关雎》是《诗经》的开篇之作，而《诗经》又是中国第一部诗歌总集。相传它由孔子编订，所以又是儒家基本经典，是“五经”之一。这样一来，你翻开中国文学史，看到的第一篇作品就是《关雎》。你翻开经

出自日本江户时期学者细井徇作品《诗经名物图解》

学史，看到的第一篇作品仍然是《关雎》。这还不够。《关雎》在周朝的社会生活中也扮演着重要角色。当年周天子大宴诸侯，一定要奏唱《关雎》。《关雎》何以有这么大的能量，能够让周天子和孔圣人都为之折服呢？因为周朝立国，家国同构，而《关雎》奠定的正是最基本的家庭秩序。在这个家庭秩序里，窈窕淑女的位置绝对不同寻常。

为什么这么说呢？看《关雎》的第一章，也就是开头四句：“关关雎鸠，在河之洲。窈窕淑女，君子好逑。”《诗经》的表现手法包括赋、比、兴。所谓兴，就是起兴，也就是借题发挥——先说其他的事，再引出真正要说的。这四句诗，用的就是起兴的手法。雎鸠是一种鸟。春天来了，这种水鸟一雄一雌，在水中小岛上“关关”和鸣，不由得让人联想到男婚女嫁！关关和鸣的雎鸠啊，相依相伴在小洲，那美丽贤惠的淑女，真是君子的好配偶。既然提到“君子”和“淑女”，意味着这一定是第三人在唱歌，他热情歌唱一对佳偶。

在当时人的心目中，佳偶应该是什么样的呢？必得是窈窕淑女配谦谦君子。什么样的女子是窈窕淑女？窈是文静，形容女子的心灵美；窕是优美，形容女子的仪态美。这可不是我们现在所谓的“瘦成一道闪电”的美女，而是内在美和外在美相统一的淑女。这样的淑女，才配得上君子。那什么又是君子呢？《淇奥》说得好：“瞻彼淇奥，绿竹猗猗。有匪君子，如切如磋，如琢如磨。”切是制作骨器，磋是加工象牙，琢是雕琢玉器，磨是磨制石器。一位君子要像工匠打磨玉石骨器一样打磨自己的学问和道德，这不就意味着君子也必须内外兼修吗？一位形神俱美的淑女搭配一位内外兼修的君子，这才是真正的好伴侣、好姻缘。

窈窕淑女撩起了君子的情愫，他又是怎么追求的呢？看下一章：“参差荇菜，左右流之。窈窕淑女，寤寐求之。”这还是起兴的手法。参差不齐的荇菜啊，左边采完右边采。窈窕淑女啊，睡里梦里难忘怀。

可是，窈窕淑女哪能那么轻易就追求得到！所以，又有了接下来的第三章：“求之不得，寤寐思服。悠哉悠哉，辗转反侧。”求来求去难实现，梦里都在思念她，思念她啊思念她，辗转反侧难入眠。这里值得注意的是“思服”。很多人望文生义，以为“思服”就是想制服对方，这真是要不得的大男子主义。在古汉语里，“思”就是“服”，“服”就是“思”，思服是同一个意思的反复。一个男子若真爱一个女子，怎么会想要制服她、收服她呢！他只是深深地思念着，思念到辗转反侧，夜不能寐。这说明什么？优质的婚姻不仅仅是淑女配君子，它一定要以深刻的爱情为基础。

那么，这君子如此深情，如此执着，他到底得到淑女没有？他当然得到了。看看第四章和第五章：“参差荇菜，左右采之。窈窕淑女，琴瑟友之。参差荇菜，左右芼之。窈窕淑女，钟鼓乐之。”参差不齐的荇菜啊，左边右边采不停。美丽贤惠的淑女啊，弹琴鼓瑟给她听。参差不齐的荇菜啊，左边拔完右边拔。美丽贤惠的淑女啊，敲钟击鼓欢迎她。这是在写什么？写的是一场盛大的婚礼。可能有人会想，这难道不是在写小伙子弹琴、唱歌给姑娘听吗？当然不是，这琴瑟、钟鼓是非常隆重的乐器，非盛典不得使用。

事实上，周朝正是用礼和乐规范着人们的生活和精神，也规范着中国文明的走向。所谓礼乐之邦，指的就是和谐、幸福、文明的国度。严肃而神圣的音乐在隆重的婚

出自日本江户时期学者细井徇作品《诗经名物图解》

礼上响起，就是要告诉一对新人和所有来宾，就像乐有五音一样，人在生活中也有不同的位置、不同的分工。每个人在自己的位置发挥价值，这才是真正的婚姻美满、佳偶天成。

至此，你应该理解《关雎》作为《诗经》开篇的意义了吧？《毛诗序》说得非常清楚："风之始也，所以风天下而正夫妇也。故用之乡人焉，用之邦国焉。"中国把家庭视为社会和国家的基础。在家庭中，夫妇是人伦之始。一切道德的完善，都必须以夫妇之德为基础。如果夫是君子，妇是淑女，那么他们在家庭互敬互爱、各司其职的道德风尚必然可以影响整个社会。它既可以影响"乡人"，也就是普通百姓；也可以影响"邦国"，也就是国家社会。

这种注重修养、注重礼法的生活方式和自内而外、自家而国的教化方式，不正是我们应该珍视的传统吗？

《新嫁娘词》的持家智慧

《诗经》的开篇《关雎》，讲一位君子、一位淑女，经过“悠哉悠哉，辗转反侧”的思慕，再经过“窈窕淑女，钟鼓乐之”的婚礼，终于走到一起，成为一对人人羡慕的佳偶。那么，他们是不是就像童话里的“公主和王子”一样，从此幸福地生活在一起了呢？并不是。

中国传统文化更重视细水长流、琴瑟和鸣的婚姻。这样一来，婚礼就是一个新故事的开端。这个故事有一个名字，叫作“柴米油盐交响曲”。它看起来平淡琐碎，但也可以充满智慧和温情，如同我马上要跟大家分享的唐代诗人王建的《新嫁娘词》所描绘的一样：

三日入厨下，洗手作羹汤。

未谙姑食性，先遣小姑尝。

中国古代婚姻的目的是“合两姓之好”。这意味着，不是新娘嫁给了新郎，而是新娘嫁进了新郎的家庭，要和新郎的家人生活在一起。这个家庭对新郎来说是“旧”的，周围都是他熟悉的人和事，但对新娘来说是“新”的。她同时具有了三重身份，既是丈夫的妻子，又是公婆的儿媳，还是小叔子小姑子的嫂子或大伯子大姑子的弟媳。这可真是一个考验。怎样才能尽快融入这个新家庭，在这一大家子人中找到自己的位置，承担起自己的责任，从而收获自己的幸福呢？

如同今天的职场新人一样，新娘子首先要展现自己的“工作能力”。古人对媳妇的基本要求是“主中馈”，也就是做饭，照顾一家人的生活。这样一来，做饭就成了新娘子面对的第一场考试。新娘子的勤与懒、巧与拙都蕴含在一餐餐饭食之中。按照唐朝的规矩，结婚第三天早晨，新娘子正式下厨。这就是诗中所说的“三日入厨下，洗手作羹汤”。这句诗的精髓在“洗手”二字。做饭考验的不是技术吗，为何洗手如此重要？因为技术是能力问题，而洗手是心意问题。

中国古代祭祀讲究“必洁、必丰、必诚、必敬”，其实生活又何尝不是这样！“必洁”为什么排在第一位？因为“诚”和“敬”的心情必须通过“洁”和“丰”的形式表现出来，而饮食的丰富与否还取决于家境，只有洁净不需要依托任何外在条件。洁净体现着做饭人干净利落的生活习惯，也表达着做饭人诚恳恭敬的心意。这位新嫁娘在做羹汤之前，认认真真地洗了手。这不仅说明她有良好的家教，还意味着她十分看重自己“主中馈”的身份。愿意诚心诚意地把工作做好，这说明她是个贤惠的好媳妇。

不过，诗中新娘令人称道之处不仅在于“贤”，更在于“慧”：“未谙姑食性，先遣小姑尝。”新娘子诚心要做好第一顿饭，可是她知道，饭是否好吃可没什么固定的标准，有人喜甜，有人喜咸，正所谓“汝之蜜糖，吾之砒霜”。一味按照自己的口味去做，很可能费力不讨好。

谁的口味才作数呢？当然是婆婆。要知道，在新娘子嫁进来之前，这个家里“主中馈”的就是婆婆，她早已按照自己的口味塑造了全家人的饮食习惯。只要按照婆婆的老规矩去调味，基本上也就契合了一家人的味觉标准。更重要的是，在这个新家里，谁是新娘子的“顶头上司”？正是掌管家庭内政的婆婆。无论出于了解一家人饮食习惯的需求，还是出于尊重“顶头上司”的考虑，她都必须了解婆婆的口味。

怎么了解呢？直接去问未免太冒失，退而求其次，第一选择应当是问自己的丈夫吧？毕竟，丈夫是这个新家里唯一的“熟人”呀。诗人朱庆馀笔下那个新娘子，在拜见公婆之前，不就“妆罢低声问夫婿，画眉深浅入时无”嘛。可是，这首诗中的新嫁娘并没有问丈夫，而是选择了一条更别致的道路，“先遣小姑尝”。

为什么不问丈夫呢？要知道，古人结婚早，唐朝男十五岁、女十三岁就达到法定婚龄了。这新嫁娘的丈夫很可能还是个少年。小伙子总是粗心的，他哪里说得清楚妈妈的口味！但小姑就不同了。虽然她年纪还小，但女儿总要细致些，更了解妈妈的脾气秉性。而且，小姑日后也要“主中馈”，所以一直在见习家务劳动，对柴米油盐方面的事情可能很了解，不问她问谁呢？

另外，请小姑尝羹，也是对小姑的尊重。民间俗语讲：“小姑多，舌头多。”小姑整天在婆婆跟前，她对嫂子的评价直接影响着婆婆对儿媳的看法。她的话谈不上一言九鼎，却也能够滴水穿石。既然如此，为什么不和小姑亲厚一点儿呢？做嫂子的主动征求一下小姑的意见，小姑自然会对嫂子产生好感。如此“统一战线”，新娘子在家里不就更游刃有余了嘛！

一句“先遣小姑尝”，新嫁娘的聪慧跃然纸上。曾几何时，她还只是一个娇嗔的少女，一旦嫁为人妇，她就必须面对更加复杂的生活，承担起更大的责任。诗中的新嫁娘凭借贤能与聪慧，巧妙地化解自己的紧张，结交新的朋友，积极地融入新生活，真是令人赞叹！

这样的她，是否已经随着时代的变迁离我们远去了呢？才没有。只要热爱生活、勇于面对挑战的慧心还在，只要细致周到的思维方式、温婉敏捷的沟通方式还在，她就永远生活在我们身边。她生活在一个个和谐的家庭里，也生活在忙碌的职场上。她属于古代，更属于今天。

“你泥中有我，我泥中有你”的婚姻之道

托尔斯泰说过，幸福的家庭总是相似的，不幸的家庭则各有各的不幸。事实上，人世间哪有永恒的幸福或者不幸！我们总在颠簸中前行，不幸与幸福也时时在转换。若有谁能在危机降临的时候，有情、有义、有勇、有谋，亲手把生活的轨迹从不幸的轨道扳到幸福的轨道，那他一定是个了不起的人。

下面，我就跟大家分享一下元朝著名女书画家管道昇的《我侬词》，这可是一个维系婚姻与家庭的经典案例。

你侬我侬，忒煞情多；

情多处，热似火；

把一块泥，捻一个你，塑一个我，

将咱两个一齐打破，用水调和；

再捻一个你，再塑一个我。

我泥中有你，你泥中有我；

我与你生同一个衾，死同一个椁。

这首小词写得大胆直白，任谁看了，都会觉得是一封情书吧！除了热恋中的青年男女，谁会有这样的自信和热情呢？可事实上，管道昇写这首词的时候已年过四旬，徐娘半老。而且她一向深感自豪的婚姻生活也触了礁，她的夫君赵孟頫，居然动了纳妾的念头，还给她写了一首打油词："我为学士，你做夫人。岂不闻王学士有桃叶、桃根，苏学士有朝云、暮云，我便多娶几个吴姬、越女无过分。你年纪已过四旬，只管占住玉堂春。"要知道，赵孟頫可是当时公认的大才子，这几句话写得层次清晰、逻辑严密。

先看第一层："我为学士，你做夫人。"一上来就亮明了身份。我是谁？我官居翰林学士承旨，算是皇帝的

大德六年十一月望日写
钱德钧作

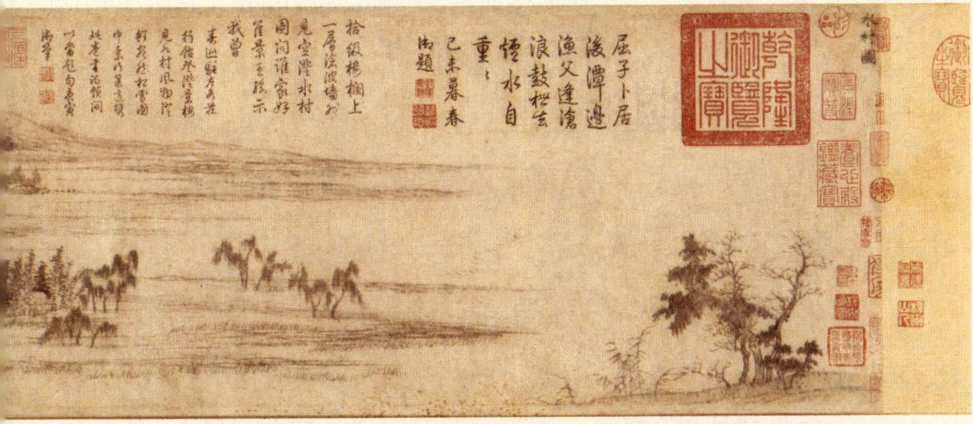

赵孟頫所绘《水村图》

秘书长，正春风得意。而你也妻凭夫贵，当上了吴兴郡夫人。那又怎样呢？

紧接着，赵孟頫又讲“岂不闻王学士有桃叶、桃根，苏学士有朝云、暮云”。往远里说，东晋的大书法家王献之王学士身边有桃叶、桃根两姐妹服侍；往近里说，宋朝的大文豪苏东坡苏学士也有朝云、暮云两个侍妾追随。古往今来，和我一样身份的人，哪个不是珠围翠绕，妻妾成群！

他到底要得出怎样的结论呢？往下看：“我便多娶几个吴姬、越女无过分。你年纪已过四旬，只管占住玉堂春。”我如今论才气、官衔都不亚于他们，就算多娶几个漂亮姑娘也不过分。你人老珠黄，就让我娶几房小妾，尝尝人生第二春！

这个危机严不严重？太严重了！因为赵孟頫和管道昇是出了名的志同道合，比翼齐飞。他能诗善赋，她清辞丽句；他是“楷书四大家”之一，她是“书坛两夫人”之一；他是文人画的标杆，她也是文人画的代表。总之，他擅长的她都擅长，她喜欢的他也喜欢。这样的婚姻太完美，正因为完美，才容不下一点儿轻视和亵渎。《红楼梦》里，愚蠢又懦弱的邢夫人可以主动帮丈夫贾赦去讨小老婆，但是高洁而有主见的管夫人眼里揉不得沙子，她没法妥协。

这个危机难不难解决？太难了！因为当时的社会本来就奉行一夫一妻多妾制，赵孟頫的要求并不过分，没准儿还能赢得同情。而管道昇呢？若坚持不让丈夫纳妾，反而要被扣上“妒妇”的帽子，受人指摘。既没法接受，又没法不接受，怎么办呢？

管夫人当时四十岁。四十岁的她拥有的，不仅是沧桑岁月，更是成熟的心智。她没哭没闹，就像平时夫妻间唱和那样，写了上面这首《我侬词》。这首词里写了什么？也是三个层次：

第一，你爱我，我也爱你。“你侬我侬，忒煞情多；情多处，热似火”，这是讲感情，唤起人心。

第二，我离不开你，你也离不开我。为什么离不开呢？因为“把一块泥，捻一个你，塑一个我，将咱两个一齐打破，用水调和；再捻一个你，再塑一个我。我泥中有你，你泥中有我”。我们俩就像泥人一样，在漫长婚姻中都经历了塑造、打破、调和、再塑造的过程，早已是我中有你、你中有我，再难分割。这是在讲事实，唤起理性。

第三，生是你和我，死是你和我。“我与你生同一个衾，死同一个椁。”这是在表决心。生同衾、死同穴，我们之间永远不可以有第三者！

这首词真好，热烈而不失自由，堪称古代抒情词典范。但我想说，最好的还不是这首词，而是词背后隐含的管夫人的处世态度——积极、理性、充满热情。

什么叫积极？所谓积极，就是面对危机的时候，能主动寻求解决方法。你有来，我就有往，不躲不闪，直面问题。

解决问题要靠理性，这理性是什么呢？在这场婚姻危机里，理性无非是确定三件事。第一，我能妥协吗？当然不能。我是骄傲的管夫人，我的婚姻不容侵犯，我不能瓦全。第二，我能放弃吗？当然也不能。我深爱这个人，对此前的婚姻状况高度满意，我不想因为瑕疵而放弃整体，我不能玉碎。第三，他能妥协吗？他当然能。他并不是不满意现在的生活，只是受了世俗的诱惑，有点儿人心不足。难道他真的愿意为了一点儿贪心而毁掉现在的幸福？他不会。

问题是怎样才能说服他呢？所谓说服，无非靠摆道理和讲感情，而道理一定要包裹在感情里。因为按照中国人的理解，脑子才会评判是非，人心却是肉长的。为什么不以情动人呢？这就看出管夫人的厉害之处了。“情多处，热似火”也罢，“我泥中有你，你泥中有我”也罢，“生同一个衾，死同一个椁”也罢，没有厉声的呵斥，也没有严肃的道理，只有饱满昂扬的感情。这感情不是少女“逢郎欲语低头笑，碧玉搔头落水中”的娇羞，也不是少妇“怕郎猜道，奴面不如花面好”的娇俏，而是一个中年妇女的飒爽英姿。她既不攻击，也不妥协。她理解人性，也相信人性。她直白泼辣，也委婉深沉。她的话像一把重锤，一下就击中了赵孟頫的心。

那么，故事的结局如何呢？据记载，赵孟頫看了这首词之后大笑起来，从此再也没有动过纳妾的念头。

一场危机，就这样变成了一个玩笑、一段佳话。人生不易，向能驾驭这种玩笑的成年人致敬。

“父娘犹唤小时名”与娘家心结

中国古代奉行女性外嫁式婚姻，管姑娘出嫁叫“于归”。意思是说，姑娘生下来只是暂寄娘家，只有出嫁到了夫家，才算是回到自己真正的家，也是永久的家。礼教虽然如此约束，可是在情感上姑娘们怎么能够轻易放下自己从小生长的家！不仅父母兄弟令人牵肠挂肚，娇痴自在的闺中生活更让她们眷念不已。

这样一来，回娘家就成了对已婚妇女的一种情感补偿。真正是“地无分南北，人无分贵贱”，只要提到回娘家，姑奶奶们都会立刻打起精神，绽放笑脸。

唐代诗人张祜有一首《戏赠村妇》，描摹的正是这个主题：

二升酸醋瓦瓶盛，请得姑嫜十日程。
赤黑画眉临水笑，草鞋苞脚逐风行。
黄丝发乱梳槺紧，青苎裙高种掠轻。
想得到家相见后，父娘犹唤小时名。

这首诗一共八句，可以分成三个层次。第一个层次是前两句，讲回娘家的准备。准备什么呢？“二升酸醋瓦瓶盛”，这是要带回娘家的礼物。我们中国人讲“礼”，走亲访友都没有空手的，何况是回娘家呢！可是这礼品一说出来，我们也就知道了，这真是一个穷人家的媳妇！她拿得出手的，只有二升酸醋而已，多么寒酸！我们可能都听过歌曲《回娘家》。“左手一只鸡，右手一只鸭，身上还背着一个胖娃娃”，这才是小康人家媳妇回娘家的“标配”，而大户人家姑奶奶归宁的排场，则要看《红楼梦》中“元妃省亲”的场面。可是俗话说得好，“有钱没钱，回家过年”，回娘家也是如此。就算寒门小户的媳妇，也有一颗顾恋本家的拳拳之心！礼物打点好了，准备工作还没算完，更艰巨的工作是请假。

中国古代为了让媳妇定心，总是尽可能减少媳妇回娘家的次数和时间，有的地方甚至有新媳妇三年之内不准回娘家的家规。想来，诗中的这位村妇为了向公公婆婆请假，不知费了多少口舌，赔了多少笑脸。此刻公婆高兴，居然准了她十天的假期，这村妇该何等雀跃！

这雀跃的心情怎么表达呢？接下来四句，就是第二个层次，写回娘家路上的情景。“赤黑画眉临水笑，草鞋苞脚逐风行。黄丝发乱梳橑紧，青苎裙高种掠轻。”这四句诗真是一出喜剧。喜在哪里？在于种种的违和感。回娘家总要收拾打扮一番吧？你看这村妇，拿一根炭条，往脸上左边一画、右边一画，两条又粗又黑的眉毛就画好了。这棍子一样的眉毛，任谁看了都会偷笑不已吧？可这村妇呢，看着路边水塘里自己的影子，眉开眼笑，觉得自己美得不得了。脚上穿一双粗糙的草鞋，多硌脚呀！可村妇毫不在乎，跑得比风还快。因为平日里经常参加田间劳动，她的头发早被晒得又干又黄，这在讲究“青丝”“玄鬓”的古代真让人难堪！可是这村妇把它梳得紧紧的，照样觉得干净利落。她穿一条原色苎麻裙子，这哪里比得上人家的绫罗绸缎呢？可村妇把裙子高高地撩起来，一下子就掠过了田野和山冈。

这两两对照的描写，不就是在写违和感吗？一般人以为丑的，村妇却以为美；一般人以为苦的，村妇却以为乐。这里面的缘故，首先自然是艰苦生活的锤炼早已让这村妇习以为常。但这只能解释村妇为什么可以接受苦和丑，不能解释村妇为什么会以苦为乐、以丑为美。那么，这村妇发自内心的快乐和美滋滋的感觉到底从何而来？

看第三个层次，也就是最后两句："想得到家相见后，父娘犹唤小时名。"等她回到家中，推开柴门的那一刻，爸爸头一抬，笑了，嘴里喊着"小花"迎了上来。紧接着，屋里传来老妈妈急切的声音："真的是小花回来了吗？"对这个匆忙赶路的村妇来说，这还仅仅是一个悬想，可这悬想足以让她乐得合不拢嘴。她从牙缝里挤出来二升酸醋，她低眉顺眼地在公婆面前请假，她画眉毛、梳头发、穿上草鞋飞跑、撩起裙子上山，不都是为了这一刻嘛！这一刻的光亮足以照亮村妇的心，让她把一切的丑都变成美，把一切的苦都变成乐。

为什么"父娘犹唤小时名"如此让人眷恋、让人向往呢？第一个理由当然是扑面而来的亲切感，第二个理由恐怕就是这背后隐含的女性对独立人格的追求了。在中国古代，妇女的“小时名”是个秘密，一旦嫁到婆家就再无人提起。

就拿《红楼梦》来说，贾府所有妇女之中地位最显赫的贾母叫什么？我们无从知晓，只知道她的正式称号是“贾门史氏”，这意味着她娘家姓史，夫家姓贾。位列第二的王夫人叫什么？我们也无从知晓，只知道她的正式称号是“贾门王氏”，这意味着她夫家姓贾，娘家姓王。问题是，贾也罢，史也罢，王也罢，都是她们家族的代号，跟她们本人又有什么关系呢？

可能有人会说，我们知道王熙凤的名字呀！没错，我们知道王熙凤的名字，那是因为她是亲上做亲嫁到贾府的。在嫁来之前，她已经跟这个家族十分熟悉了，就像从小在贾府长大的林黛玉、薛宝钗一样，贾家人当然知道她的闺名。但是尽管谁都知道她的名字，当把她介绍给外人的时候，人们绝不会说这是王熙凤，而是说“这是琏二奶奶”。“琏”是她丈夫的名字，“二”是她丈夫的排行，“奶奶”是基于她跟贾琏的夫妻关系而产生的家庭身份。

“琏二奶奶”固然威风八面，可是如果离开了贾琏，她在这个家里算什么呢？

我们经常说“大丈夫行不更名，坐不改姓”，独立的名字背后正是独立的人格。女孩一旦出嫁，要抛弃自己的“小时名”，这对她们来说，难道真的没有一点儿伤痛吗？

也许，许多妇女终其一生也没想过这个问题，但是这若隐若现的伤痛被诗人张祜捕捉到了，他还用诗的语言表达出来了。我们历经千载懂得了那个时代女性的喜悦和伤痛，也因此更加珍惜今天的独立和幸福。

“森森稚子石边生”的育儿经

“双减”政策落地，又到了“老母亲”们闹心的时节。“熊孩子”从学校回到了家庭，家教应该迅速补位，实现由配角到主角的转换。但是，大家都知道，家教要做到入耳、入脑、入心，比学校教育还难，既没有教材可供参考，也没有进度可供遵循，教育成果也没法像学校那样靠考试来评判。

怎么办呢？看看古诗词，还真有不少家教智慧值得我们汲取。前面我讲了大书法家赵孟頫的夫人管道昇保卫婚姻的故事。这一节，我想借管夫人的一首七言小诗，聊聊这位智慧女子的教子故事。她的这首诗正合了“教子”这个主题：

春晴今日又逢晴，闲与儿曹竹下行。

春意近来浓几许，森森稚子石边生。

这首诗明白晓畅，大体是说，春光明媚，又赶上个大晴天，就带着几个孩子到竹林散步，到了大自然才发现，几天不见，春意又比先前浓了不少，那大石头旁边肥嫩的竹笋都冒出了头，挤挤挨挨连成了一大片。

可能有人会说，这说的是竹子，跟教子有什么关系呢？这其实就是传统诗歌三大表现手法“赋、比、兴”中“比”的应用。那竹林下新冒出头的“森森稚子”，不就是管夫人身边活蹦乱跳的小小少年吗？事实上，这首小诗不仅跟教子有关，还隐含了家教中的三大原则：第一是闲闲的陪伴，第二是暗暗的榜样，第三是隐隐的期待。

先看闲闲的陪伴。管夫人是个大忙人，她的丈夫赵孟頫官至翰林学士承旨，是朝廷的一品大员。管夫人身为命妇，少不得出入宫禁，往来应酬，这是她的身份使命。管夫人还是赵氏一门的女主人，要管理家业、照应宗族，这是她的家族责任。管夫人本人又是大书画家，要研习翰墨、点染丹青，这是她的人生追求。这些责任，哪一个都足以让人分身乏术。

《红楼梦》里，王熙凤打理一个宁国府，从早到晚忙得茶饭无心，坐卧不宁，何况身兼数任的管夫人呢！与此同时，管夫人还是三子六女共九个孩子的母亲。这九个孩子是家族的未来，在管夫人心中，他们的成长更是重中之重。

怎样培育他们呢？“春晴今日又逢晴，闲与儿曹竹下行”。这个“闲”，不是闲来无事，而是忙里偷闲。母亲也好，父亲也罢，只要做了家长，就算再忙，也要偷出一点儿时间来，留给儿女，近距离地参与他们的生活。这种陪伴，从亲情的角度说，是父母与子女的情分；从教育的角度说，是耳提面命的基础。当年，高卧东山的谢安，若不是和侄儿侄女一起围炉赏雪，怎么会激发出大才女谢道韫“未若柳絮因风起”的才情？

可能有的“老母亲”会说，我的陪伴少吗？每天陪着孩子写作业，都要陪出心脏病了！要知道，陪写作业虽然也是陪伴，却不免太过具体、太过急切，也太过功利。这样一来，陪伴就变成了督导，少了家庭教育循循善诱的雍容。反观管夫人，竹下闲行之中，“新竹高于旧竹枝，全凭老干为扶持”的亲子之情有了，“未出土时先有节，便凌云去也无心”的品格教育有了，“绿竹入幽径，青萝拂行衣”的审美教育也有了，这才是家庭教育的无用之用、不闲之闲。

再看暗暗的榜样。我们中国的父母喜欢给孩子树榜样，这榜样有一个共同的名字，叫“别人家的孩子”。别人家的孩子用功，别人家的孩子懂事，别人家的孩子能干。你若努力赶上了这一个“别人家的孩子”，还会有下一个“别人家的孩子”在前方等着你。你只是一个人，“别人家的孩子”却是“子子孙孙无穷匮也”，想想不免令人沮丧。这种给孩子树立榜样的方式问题出在哪里？出在一个过于直白的“比”字上，他比你强，你比他差。一旦出现了这样明白的比较，孩子就会产生竞争之心，而不是羡慕之情，也就失去了学习榜样的动力。

管夫人怎样树立榜样呢？她不用去找“别人家的孩子”，她自己就是榜样。管夫人不仅带着孩子竹下闲行，她还画过一幅《修竹图》，并在上面写了几句话：

墨竹，君子之所爱者。余虽在女流，窃甚好学。未有师承，难穷三昧。及侍吾松雪十余秋，傍观下笔，始得一二。偶遇此卷闲置斋中，乃乘兴一挥，不觉盈轴，与余儿女辈玩之。

短短几句话，却有三大不凡之处。哪里不凡呢？

第一，好学不凡。一位古代的贵妇，却仰慕竹子的气节，在相夫教子之余跟随丈夫学画竹子，一学就是十几年，终于能够做到“乘兴一挥，不觉盈轴”，这是何等高贵的精神！看着这样好学的母亲，儿女怎么会领悟不到学习的真谛！

第二，“吾松雪”不凡。“松雪”，是赵孟頫的号。一位古代的妻子，谈到自己的丈夫，不叫官人，不叫老爷，而是既平等又充满爱意地叫着“我的松雪”，这不就是“你侬我侬，忒煞情多”嘛！看着这样热情的母亲，儿女怎么会领悟不到家庭关系的真谛！

第三，“与余儿女辈玩之”不凡。一幅精心绘制的画作，不收起来珍藏，也不拿出去炫耀，而是跟儿女一起

古画《小庭婴戏图》

把玩，这和居里夫人给孩子玩诺贝尔奖章不是一个道理嘛！看着这样潇洒的母亲，儿女又怎能领悟不到生活的真谛！

俗话说，孩子是看着父母的背影长大的，这背影就是身教。管夫人一定不会对子女说“跟我学”，但是她这种暗暗挺立的身姿本身就是家庭教育最核心的力量，这才叫“桃李不言，下自成蹊”。

最后看隐隐的期待。为什么管夫人心里春光无限？因为此刻的森森稚子，来年又是一片青青翠竹。同样，此时身边娇痴的小儿女，长大以后，也会成为温润君子和窈窕淑女，成为管道昇与赵孟頫生命与精神的延续。所以管夫人带着孩子，看着竹笋，才会觉得春意渐浓，心头暗喜。这是一种隐隐的期待，这期待不是为官做宰，也不是成名成家，不是任何具体的目标，只是对生命的信任，对未来的乐观。这也是家庭教育最自然，也最打动人心的地方：有你真好，看你长大真好。这不才是我们对待孩子的初心，以及家教最真诚的出发点嘛！

元仁宗曾经将赵孟頫、管道昇以及他们的儿子赵雍的书法合装为一轴，收藏到秘府，并说：“使后世知我朝有一家夫妇父子皆善书，亦奇事也。”事实上，管夫人与赵孟頫的子孙人才辈出，三代之中出了七个大书画家，在整个中国文化史上都堪称奇迹。“森森稚子”皆成“芝兰玉树”，向精心灌溉他们的“老母亲”致敬。

“长安一片月”里的家国情

在古人心中，每个季节都有每个季节的风物，也有每个季节的风情。东晋陶渊明在诗作《四时》中说：“春水满四泽，夏云多奇峰。秋月扬明辉，冬岭秀寒松。”秋天的标志性风物是清辉万里的月亮。这一节跟大家分享一首既写女性，也写月亮的诗，那便是李白的《子夜吴歌·秋歌》：

长安一片月，万户捣衣声。
秋风吹不尽，总是玉关情。
何日平胡虏，良人罢远征。

李白草书《上阳台帖》。此为李白唯一传世书迹

“长安一片月，万户捣衣声。”这意象真美。它不是春天的明媚之美，也不是夏天的浓艳之美，而是专属秋天的素洁之美。素洁在哪里？在月亮。月亮是静夜之中一个皎洁而温柔的存在。诗歌中大凡写月亮，总是给人以素洁的联想。“却下水晶帘，玲珑望秋月”如此，“露从今夜白，月是故乡明”如此，“明月松间照，清泉石上流”如此，“长安一片月，万户捣衣声”还是如此。秋月明，秋月白，以秋月起兴，整个画面马上优雅、宁静起来。

但这两句诗又不仅仅是素洁，它还宏大。宏大在哪里？在“一片”和“万户”。一片月下，万户捣衣，整座长安城笼罩在明净的月光下，整座长安城也沉浸在一片此起彼伏的砧杵声中。月光从天上洒下，捣衣声又从地面直达天上，这“一片”与“万户”背后，是天与地、月与人、光与声的交相辉映，这是多么宏大的场景啊！可这两句诗不仅宏大，还柔婉。柔婉在哪里呢？在月下捣衣这个特殊的场景。所谓捣衣，并不是洗衣，而是把衣料放在石砧上用棒槌捶打。捣衣的目的是让衣料变软，然后裁剪制衣。换句话说，捣衣是做衣服的前奏，而秋天正是赶制冬衣的季节。

为什么要在月下捣衣呢？捣衣是一件耗时耗力的活计，但并不那么精细。精打细算的主妇们舍不得用白天的时间，所以都会选择在晚上借着月光来捣衣，这才会有“长安一片月，万户捣衣声”这样经典的场景。这个场景是属于女性的，属于月夜的，当然令人觉得柔婉细腻。

“长安一片月”是秋色，“万户捣衣声”是秋声，那接下来呢？“秋风吹不尽，总是玉关情。”属于秋天的经典风物，不仅有秋色、秋声，还有那带着凉意的、撩人愁思的飒飒秋风。秋风能吹走暑热，吹走落叶，却怎么也吹不尽思妇对玉门关外征夫的绵绵相思之情。这“玉关情”三个字从哪里来？其实早就蕴含在前两句诗里了。

“望月怀远”是中国文学的大主题，起兴既然是“长安一片月”，思妇怎能不想起“隔千里兮共明月”的丈夫？捣衣是制衣的前奏，要做冬衣了，思妇怎能不惦念身在塞外苦寒之地的丈夫？思妇身处长安城，心却在玉门关外，她们眼中看的，是那轮同样高悬在丈夫头上的月亮；她们手里捣的，是即将穿在丈夫身上的寒衣。她们眼里看的、手里捣的，不都是“玉关情”嘛！这情思无时无刻不深藏在心头，此时被恼人的秋风一撩拨，变得更深、更浓了。它和秋月、秋声、秋风一起构成秋意，在长安城中低回不已，挥之不去。这情意，是何等深沉、绵长啊！

“长安一片月，万户捣衣声”写景，景中含情；“秋风吹不尽，总是玉关情”写情，情中有景。这场景从天上写到地上，又从长安城写到玉门关，情景交融，浑然天成。按照王夫之《唐诗评选》的说法，“是天壤间生成好句，被太白拾得”。所以，有诗评家说，到这里就够了。

到底够了没有呢？李白觉得还不够，他又加了两句：“何日平胡虏，良人罢远征。”意思是说，什么时候才能平定胡虏，让我的良人不再远征呢。这是什么？这是思妇的深沉喟叹，也是属于她们的边塞诗啊！说到唐朝的边塞诗，我们总容易想起那些壮怀激烈的诗句。其实，边塞的情怀，不止有“少小虽非投笔吏，论功还欲请长缨”的壮志，不止有“城头铁鼓声犹震，匣里金刀血未干”的激昂，还有“牵衣顿足拦道哭，哭声直上干云霄”的惨痛，以及“可怜无定河边骨，犹是春闺梦里人”的凄艳。没有前者，唐诗就没有了风骨；但是，没有后者，唐诗也就没有了“良心”。

那么，“何日平胡虏，良人罢远征”属于哪一种呢？它和我们之前说的都不一样。它当然不是主战的，但也并非绝对意义上的反战，它表达的是一种更加温柔敦厚的感情：胡虏要平定，那是国家大义；良人也要回家，那是个人私情。这长安的思妇，既顾大局，又重情义，所以才会在这秋风凉、秋月明的秋夜，发出这样的喟叹：“何日平胡虏，良人罢远征。”既然如此，这两句诗有没有必要？太有必要了，它把诗的境界一下子升华了，升华成一片既顾念小家也体恤大家的深厚情谊。拥有这般情谊的，不是秦罗敷、杨玉环那样的美女，而是千千万万个普普通通的长安思妇。她们朴实无华，她们情深义重，她们与国休戚。她们代表着人类普遍的生活和情感，像月光一样，清辉万里，抚慰着千古人心。

中国古代的性别分工主张男主外、女主内。妇女被限制在家门以里，主中馈，勤女红，把一生贡献给家庭。但是，这并不意味着她们完全脱离社会。就像这首诗里讲的长安思妇，虽然可能终其一生都未曾出过长安城，但是她们手中的寒衣、她们心中的牵挂飞越万水千山。她们和她们的良人，一起守望着大唐的边关。20世纪80年代，有一首《十五的月亮》唱遍大江南北。歌词里那位“守在婴儿的摇篮前”的军嫂，和李白笔下捣衣的思妇，可谓千载同心。

时光悠悠，秋风又吹拂了一千多年。如今的女性早就不在月下捣衣。走进现代的我们，是工人、是农民、是白领、是企业家、是教师、是医生……但我相信，这首《子夜吴歌·秋歌》传达的美与情也同样属于我们，属于所有时代为了小家幸福、为了国家安宁而认真生活的中国女性。

“一腔热血勤珍重”与侠女报国

这一节，跟大家分享“鉴湖女侠”秋瑾的《对酒》：

不惜千金买宝刀，貂裘换酒也堪豪。
一腔热血勤珍重，洒去犹能化碧涛。

秋瑾的故事，在当代已经算是家喻户晓。这真是个不寻常的女子！

看到“貂裘换酒也堪豪”，会让人一下想到李白的《将进酒》中的“五花马，千金裘，呼儿将出换美酒，与尔同销万古愁”。李白豪不豪迈？当然豪迈，但是他的五

秋瑾像，摄于1905年左右

花马和千金裘只换了酒，只买了醉，只消解了忧愁。然后呢？李白就“且放白鹿青崖间，须行即骑访名山”了，他的愤怒与不甘只是姿态，无法转化成行动。

秋瑾则不然。秋瑾的貂裘也换了酒，这算卖出。与此同时，她还有买入，“不惜千金买宝刀”。一介女子，卖出与买入都是这样的大手笔，这已经令人啧啧称奇。更令人惊叹的，是秋瑾交易的内容。女子买酒倒也罢了，如李清照少年时“常记溪亭日暮，沉醉不知归路”，老年时“三杯两盏淡酒，怎敌他，晚来风急”，酒毕竟属于生活用品，身为女子，无论是为了自己还是为了家庭，都可以储备一些。但女子买刀，着实不同寻常。

闺阁中的女子，相夫教子，主持中馈，有一把菜刀就足够了吧？怎么会买“宝刀”呢？宝刀并非厨具，它可是货真价实的武器。这武器可以帮侠客行侠仗义，如同贾岛所说：“十年磨一剑，霜刃未曾试。今日把示君，谁有不平事？”这武器也可帮侠客号令天下，赢得至尊的江湖地位，如同金庸在《倚天屠龙记》中说：武林至尊，宝刀屠龙，号令天下，莫敢不从，倚天不出，谁与争锋！这武器还可以让战士奋勇杀敌，突出重围，像王昌龄所说："城头铁鼓声犹震，匣里金刀血未干。"但无论如何，作为武器的刀不曾属于女子。

所以，这两句诗由女子的口中讲出，不仅豪迈，更令人震撼。那么，秋瑾喝酒，要浇怎样的胸中块垒？秋瑾买刀，又要指向何方呢？

我们看后两句："一腔热血勤珍重，洒去犹能化碧涛。"这一联诗，用的是《庄子·外物》中"苌弘化碧"的典故。苌弘是周朝的大夫，尽忠于周朝，却被奸臣陷害，被迫自杀身亡。他死后三年，他的鲜血化为碧玉。自此之后，"碧血"就成了烈士为祖国流血的代名词。原来，秋瑾纵酒买刀，是在准备为国牺牲，哪怕她的牺牲像苌弘一样，根本得不到时人的认可。这是何等沉痛，又是何等豪迈呀！

这首诗写于1905年。当时，秋瑾刚从日本归国，在好友吴芝瑛家中欢宴。宴会之中，她拿出在日本购买的倭刀，拔刀起舞，舞罢赋诗，满座耸动。两年之后，1907年，秋瑾准备在绍兴大通学堂起义。不料计划提前泄露，她拒绝出逃，坚守大通学堂，最终被俘，英勇就义。秋瑾牺牲之时，她的身份是罪人，这一点恰如苌弘蒙冤；秋瑾牺牲之后，被尊奉为烈士，这一点恰如苌弘碧血。

看到这里，可能有人会说，这不是写诗成谶了吗？如果这样理解，就庸俗了，这应该叫言出必行。生活中，我们常常会看到言论的巨人、行动的矮子，但秋瑾是知行合一的完整的巨人，这一点尤其令人钦佩。

为什么要分享这首诗呢？因为这代表近代以来女性发展的新方向与新力量。中国古代一直不乏为国出征的女英雄，比如，花木兰壮士十年归，梁红玉擂鼓战金兵。但是，她们的英雄行为有个前提：花木兰是替父从军，梁红玉则是助夫出征。她们的英雄行为的动力来自家庭需要，她们的行为的合法性来自家庭身份，她们最终的归宿也只能是回归家庭角色。在传统语境下，她们不是独立的个体，而是和家庭捆绑在一起。“可汗问所欲，木兰不用尚书郎。愿驰千里足，送儿还故乡”，这耳熟能详的诗句背后，除了有木兰的恬淡之外，是不是也有木兰的无奈呢？由内而外，因家而国并不是不好，但如果女性只能这样选择，一定是不够好。

这样比较起来，秋瑾这首《对酒》的意义不言自明了。秋瑾买刀纵酒、抛头洒血不是因为家庭变故，而是因为祖国沉沦。她以一个独立个体的身份感受着迫在眉睫的亡国之痛，她也要尽一己之力力挽狂澜。她需要援助，只是她的后援不再是传统意义上的父子兵、夫妻档，而是“拼将十万头颅血，须把乾坤力挽回”。她寄予希望的，是志同道合的同志。

可能有人会疑惑，说这些，难道是让女性不顾家庭吗？当然不是。一个女性，可以选择为家尽力，也可以选择为国尽忠，更可以像今天的大多数人那样，家国兼顾。但这种选择的前提是个人独立，即个人拥有独立的意志、独立的能力。当然，社会也应给予女性独立的空间和独立的环境，女性才能真正发挥自己的力量，履行自己的责任，也才能发自内心地接纳和欣赏自己的性别。否则，女性就只能像当年秋瑾感慨的那样：“苦将侬，强派作娥眉，殊未屑！”

这些年来，一直有各种各样的人问我，你最欣赏的女性历史人物是谁？我猜想，当我讲武则天的时候，人们期望我回答武则天；当我讲古典诗词的时候，人们又期望我回答李清照。毫无疑问，武则天和李清照都是女性的杰出代表，她们分别代表古代女性在政治领域和文化领域的高度。但是，一直以来，我的答案都是秋瑾，因为她是一个发自内心追求独立也践行独立的女性。她的眼里有小我，更有大我；她的心里有柔情，更有豪情；她折射历史，更代表未来。

向秋瑾的一腔豪情致敬！向勇敢追求人格独立，也勇于挑起家国责任的新女性致敬！让我们一起拥抱幸福，放眼未来！

中篇*

经典家训中的育人智慧

* 此篇根据中国妇女杂志社影视中心所录制蒙曼教授的《家教家风大讲堂》整理而成。

何谓家教、家风、家训

家教、家训是个体成长的行为指导

习近平总书记指出，家庭是社会的基本细胞，是人生的第一所学校。不论时代发生多大变化，不论生活格局发生多大变化，我们都要重视家庭建设，注重家庭、注重家教、注重家风，使千千万万个家庭成为国家发展、民族进步、社会和谐的重要基点。习近平总书记的讲话涉及家教、家风、家训等一系列概念，我们要逐一辨析，通晓大义。

所谓家教，就是一个家庭中家长对子孙进行的有关安身立命、道德礼节、治业兴家等方面的教育。中国的家教文化源远流长。《周易》中的《家人》《渐》《蛊》《节》等卦，便是最早讲家庭问题的文章。之后，先秦的礼法，汉代的家法，六朝以后出现的家训、家规、家仪，以及近代有关家庭教育的论述，都属于家教的范畴。概括而言，主要包括："教子义方、严慈相济"的家教原则，"孝悌勤俭、耕读传家"的家教规范，"以身作则、相机而教"的家教方法。直至今日，"有家教"的评价，仍然是很多人甚至家庭十分看重及期待的褒奖。

所谓家风，是一个家庭（族）代代传承的价值信念、道德规范、行为准则，体现着一个家庭（族）的精神信仰、道德风貌、整体气质。家风构成孩子成长的一种大环境，孩子就在这样的大环境中被塑造，逐渐长养出跟大环境相适应的气质。

所谓家训，是指家族在兴旺发展过程中所遵循的教条，目的在于教育后代子孙如何立身、处事、兴家。家训往往由家族中最有威望或者最有文化的人制定，一般是用一些具体的人生信条和行为准则，规范后代子孙为人处世的行为。家训是家教的重要载体，而家训的落实过程正是家风的形成过程。

在中国古代，有些家训独立成文，甚至独立成书，比如《颜氏家训》《袁氏世范》等。有些家训则直接书写于家谱中，例如北宋著名清官包拯留给后人的家训：

> 后世子孙仕宦，有犯赃滥者，不得放归本家；亡殁之后，不得葬于大茔之中。不从吾志，非吾子孙。

意思是说，我的后代子孙做了官，若犯贪污罪，就不得回老家，死了也不许葬入祖坟中；不顺从我的心意，就不是我的子孙。

包拯一生清廉，对子孙的要求也以清廉为第一要素，从中可以看出包拯的家教与家风。

中国古代注重家（宗）族，很多事情要在家（宗）族内部协调解决。如今，古代意义上的家（宗）族已经不复存在。如今，我们身处一个公民社会，每个人都是独立的公民，面对的不只是家规，还有国法，更倾向寻求一种在公共场域解决问题的模式。但是，无论身处何种社会，每个人都来自家庭，在家庭中成长，大多数人也会组建家庭，在家庭中终老。这意味着，家庭作为社会基本细胞的价值依然存在，家庭对于整个社会生态的影响依然不容小觑。既然如此，如果能将公民社会的行为准则与古代经由家训、家规形成的家内调控理念有机结合，或许能够为当代人提供一条最符合中国人精神气质的安身立命之路。

口授心传的家训、家风

有的人会问，古代人至少还有家谱，现代人没有家谱，到哪里去找家训、家教呢？其实，并不是所有的家训都会被记录下来，形成文字。比如，我家里就没有成文的家训留存下来，但我记得，我小的时候，爷爷总和我说"穷灶台，富水缸"。意思是说，灶台旁边必须干干净净，这样就不会发生火灾；而水缸里必须一直装满水，如果着火了，水可立刻用于灭火。这就是一种防患未然、未雨绸缪的道理。我奶奶也常将"好男不吃分家饭，好女不穿嫁时衣"挂在嘴边，这其实就是一种自立自强的人生追求。我知道这些"老话"并不是我的爷爷奶奶发明的，但是他们认可这些人生信条，也一直在向我们传播这样的人生信条，这也是一种家训。

换言之，我们普通人家的家训不一定都像《颜氏家训》《袁氏世范》《朱子治家格言》那样成体系，但它仍然顽强存在。而且，不同家庭会选择不同的“老话”教给子女，从而也就形成了不同的家教与家风。

也有人会问，有些家训的规定非常具体，如《朱子治家格言》中的“一粥一饭，当思来处不易；半丝半缕，恒念物力维艰”，这在今天会不会显得有点过时呢？其实并不会。要知道，任何一条具体的规范之上，都有一个更具有普遍意义的原则，具体的规范可能改变，但指导这些规范的原则并不会改变。一粥一饭、半丝半缕在物质相对丰富的今天也许不是那么来之不易了，但是中国人勤俭持家的原则不应该改变。

还有人会问，孩子在成长过程中会经历幼儿园、小学、初中、高中、大学等学习阶段，每个阶段都有教育机构专门对孩子进行教育，在这种情况下谈家训有何实际意义？这确实是一个问题。现代教育分工很细，除家庭教育外，还有学校教育、社会教育。这些教育都很强势，但哪一个也不能替代家庭教育，因为家庭教育是道德教育与行为规范教育的“主阵地”。家庭是孩子的第一所学校，这所“学校”里可能没有语数外、体音美，但它一定有原则、有规矩、有与人相处的道理、有做事做人的底线，可以帮助孩子系好人生的第一粒扣子。

正因为如此，我们常常有这样的感触，经由学校教育与社会教育学会的东西很容易被我们遗忘，但是基于家庭教育形成的“印记”会伴随我们一生，深深地镌刻在我们每个人的言行之中。比如，《弟子规》中所讲的“晨必盥，兼漱口。便溺回，辄净手”，即早晨起来要洗脸、刷牙，大小便之后要洗手。这样的规矩谁会忘记呢？每个人终身都会遵循这样的行为习惯。这种习惯不是任何一个老师教给我们的，它是我们在幼年时期经由父母和其他家人的耳提面命养成的。这种习惯一经养成，就再也不会改变。刷牙、洗脸如此，其他的行为习惯和思考问题的方式方法也是如此。这就是古人所讲的“少成若天性，习惯如自然”。

现在，社会上有一些奇怪的现象。比如，我们都知道扶老人过马路是一件好事，但现在很多人不敢扶，内心存有顾虑。为什么？因为我们常听闻有人出于好心把摔倒的老人扶起来，结果却被指认是撞倒对方的罪魁祸首，从而遭遇讹诈。为什么这些被帮扶的人会有这样的行为？

这里自然有复杂的社会原因，但家教的缺失也是一个重要因素。这些老人虽然年岁很大，可能也学了很多知识，掌握了不少技能，但是他们始终没有学会怎样做一个诚实的人、一个忠厚的人、一个不害人的人。他们在这方面的欠缺体现在自己身上，也会体现在儿女身上。他们自然会传承一种坏的家风，一种没有底线的损人利己的家风，而这样的家风会影响社会风尚，甚至会影响一个国家、一个民族的未来。由此可知，家庭教育，也就是关于如何做人的教育，何等重要！

古代的家训是价值观与方法论的统一

从这个角度看古代家训，我们会发现，其中颇有精彩之处。许多家训蕴含着耳熟能详的道理，而且有些名言警句非常精彩。

比如，司马光所著《训俭示康》中的警句“由俭入奢易，由奢入俭难”，意思是说，人从节俭变得奢侈很容易，从奢侈变得节俭则很困难。

再如，朱柏庐所著《朱子治家格言》中的“宜未雨而绸缪，毋临渴而掘井”，意思是说，虽没有下雨，但也要将房屋修缮好，等下雨再修就迟了；不要等到口渴了才去挖井，否则就来不及了。这句话告诉我们，“凡事预则立”，要想把事情做成，必须预先做好准备，不能临时抱佛脚。这些虽是平常道理，却堪称真理。

更重要的是，古代的很多家训，都是价值观与方法论的统一。所谓价值观，是指它会讲做人做事的道理；所谓方法论，是指它讲清楚了具体怎么去做。中国古代哲学注重知行合一，家训不仅要求我们明白道理，还要求我们做出与之匹配的行动。

中国古代的家训中，排在第一位的价值观就是重义轻利。中国也有所谓的“厚黑学”，但家训之中绝对没有“厚黑”的影子，所有的家训都是教育子孙要学好，要忠厚做人、老实做事，不准不择手段地赚钱、不准陷害别人。也即，在公德与私利发生冲突的时候，一定要坚守原则，绝不能不择手段。这是中国古代儒家文化的传统。孔子说：“不义而富且贵，于我如浮云。”意思是，用不正当的手段得来的富贵，对我而言就像天上的浮云一样，我一点儿都不看重。孟子对“义”的要求同样严格，他说：

生，亦我所欲也；义，亦我所欲也。二者不可得兼，舍生而取义者也。

意思是，生命是我所想要的，道义也是我所想要的，如果这两样东西不能同时拥有，那我毋宁牺牲生命而选择道义。中国人承认生命可贵，但是如果“生”和“义”发生冲突，那么生命则要为道义让路，这是多么严格、多么正派的训导！

中国古代的家训也特别注重修身，强调人要加强自身的道德修养。只有这样，我们才能够明辨是非，明辨义利。诸葛亮劝诫孩子“非淡泊无以明志，非宁静无以致远”，其实讲的就是修身之道。

说到修身，如何“修”呢？其实主要讲的是两个字，“学”和“省”。所谓“学”，是相信人不能生而知之，因此一定要通过学习来提高自己。我们中国人强调榜样的价值，主张人要跟着榜样学。很多家训会讲好人的范例，教育子孙向他们学习，从而成为一个好人。著名的《三字经》开篇就给出了两位榜样。“昔孟母，择邻处，子不学，断机杼。窦燕山，有义方，教五子，名俱扬。”这

诸葛亮画像。“非淡泊无以明志，非宁静无以致远”出自其所著《诫子书》

孟母和窦燕山，就是善于教子的好榜样。所谓“省”，就是反省。古人主张一日三省吾身：“为人谋而不忠乎？与朋友交而不信乎？传不习乎？”意思是说，为人出谋献计做到尽心尽力了吗？与朋友交往做到诚信了吗？老师所传授的东西经常温习了吗？学习之外还要反省自己，这才是真正的修养。通过“学”，再通过“省”，最后达到“义”，这就是修身的路径，也是中国古代家训的精髓。

古代家训还有一个非常重要的原则，即勤俭持家。我们经常听到老一辈人告诫年轻人要“勤俭持家”。为什么要注重这一条？因为家族要兴旺，第一要兴业，第二要守业。兴业靠“勤”，守业则靠“俭”。李商隐说“历览前贤国与家，成由勤俭破由奢”，讲的正是这个道理。

怎么做才算勤俭持家？朱柏庐说，“一粥一饭，当思来处不易；半丝半缕，恒念物力维艰。”曾国藩说得更具体，他说自家祖上有八字原则，分别是“书蔬鱼猪，早扫考宝”。“书”是读书，这是中国家庭兴旺的不二法门。“蔬”是种菜，“鱼”是养鱼，“猪”是喂猪，这是维持家庭的基本经济运作，这也是让子弟读书的基础。古代所谓耕读传家，就是这个意思。“早扫考宝”又是什么意思呢？“早”是早起，正所谓“黎明即起，洒扫庭除”，清晨不睡懒觉，这反映的是一个家庭的精气神。“扫”则是扫院子，这是一个家庭的体面，其实也反映了一个人内在的条理与精神追求。“考”指的是勤于祭祀，时时想一想祖先的不易，追念祖先的功绩，才能站好自己这一班岗，把祖先的接力棒传递下去。“宝”则指与邻里和谐相处。俗话说，远亲不如近邻。邻里关系是最基本的社会关系，如果邻里关系都处理不好，又怎么可能在更复杂的社会中立足呢？这些训诫都是具体的方法论，重在教后代具体的做事方法。

家风、家训靠实践相传

常有人说，古代的家训都是成文的，洋洋洒洒，可以一辈一辈地传承。而现代人常常挂在嘴边的不过是父母平常说的一些道理而已。这其实是现代人的一个误区，很多人把流传下来的家训当成家训的全部，还因此自惭形秽，觉得现代人不如古人。其实，即使在古代，像《颜氏家训》这样高水平的家训著作也并不多，我们现在看到的古代家训，都是过去一两千年先辈层层连择的结果。

目前，广泛流传的古代家训著作只有《颜氏家训》《袁氏世范》《朱子治家格言》等有数的几部，更多的家训则是通过口口相传传承下来的。

既然如此，家风又是靠什么传承的呢？其实主要靠实践来传承。家训可能是文字性的，而家风永远是实践性的。一个家庭的家风是怎样的，只有通过实践才能建立起来，也只有通过实践才能传递下去。如果光有漂亮的文辞，却没有忠实的实践，那就如同孔子所说："巧言令色，鲜矣仁！"这句话的意思是，满口讨人喜欢的话、满脸讨人喜欢的神色，内心很少是仁德的。相反，如果只会做而不会说，这倒没有太大关系。古人说："桃李不言，下自成蹊。"意思是说，虽然桃树、李树不会说话，但因它们有花和果实，人们自然会在树下走来走去，最终走出一条条小路。这说明，只要做到了，大家就能感知到，而且还能传播开。所以，塑造家风的关键是实践。

举一个"孟母断机"的例子吧。

孟子小时候不爱读书，老往家里跑。

有一天，孟子没学完功课就回家了。孟母正在织布，看到孟子回来，赶紧问他今天的功课学完了没。孟子支支

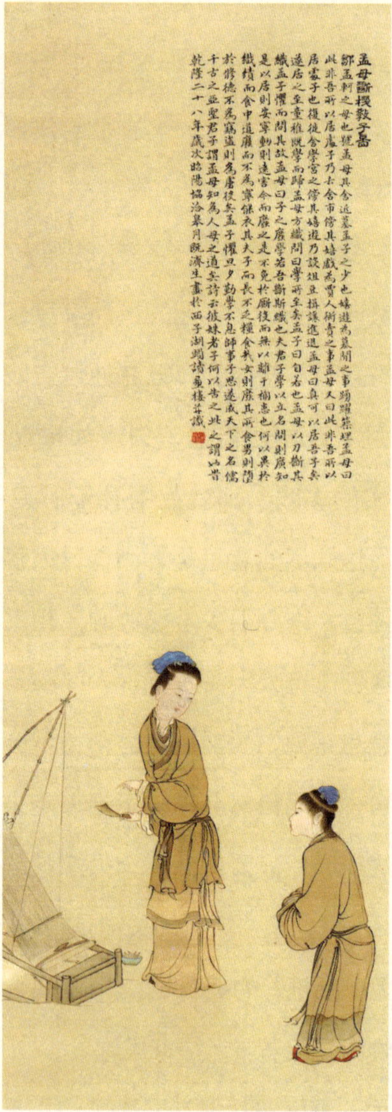

清代画家康涛所绘《孟母断机教子图》

吾吾，回答不上来。

一看孟子这个样子，孟母拿起剪刀一下就把正在织的布匹剪断了。之后，她告诉孟子，这匹布已经没有价值了，因为它已不是一匹完整的布，既卖不了多少钱，也没法用来做衣服。

孟母说，你学习上如果不能持之以恒，就如同这匹布被剪断了一样。

这是关于“持之以恒”最生动、鲜活的例子。它并非家训，但是依然流传下来。孟子就是从母亲的行动中学会了坚持，终于成为一个有毅力的人。

还有一个著名的例子，那就是“曾子杀彘”的故事。

曾子是孔子的弟子。有一次，曾子的夫人要去街上买东西，但孩子哭闹不休，缠着妈妈。曾子夫人哄孩子说，你别哭闹，等我回家杀猪做肉给你吃。小孩子都喜欢吃肉，听了妈妈的话，便乖乖地在家等妈妈。

等夫人回家后，曾子就赶紧磨刀杀猪。夫人忙问，又不过节，为什么要杀猪呢？曾子说，你刚才不是告诉孩子等你回家就杀猪做肉给他吃吗？

夫人说，那只是我随口说说而已。曾子却说，家长要是不讲诚信，孩子就会觉得诚信没有意义。

这仍然是一个关于身教的故事。曾子是一个有文化的人，他很会讲道理，也很会写文章。但是，在教育孩子的问题上，他没有选择长篇大论，而是通过自己的行动告诉妻子，也告诉孩子，做人要认真，要言而有信。虽然曾子并没有写下“诚信”这两个字，但是这个故事流传至今，他的家风也由此得到传承，这就是实践的力量。

毫无疑问，家训、家风规定的是一种理想层面的原则。人们书写家训、家风的时候，表达的可能并不是眼前的事实，而是他们心目中理想家庭的模样。在他们看来，如果自己的子孙都按照他们立下的规矩去做，即使做不到完美，至少不会出大错。所谓“取法乎上，仅得乎中”就是这个道理。

知行合一是传承家风、家教最好的办法

如今，人们经常讲道德滑坡，这并不是一件坏事。意识到道德滑坡，人们才会真的去学习、去改正。古人云：“人非圣贤，孰能无过？”虽然我们未必能完全遵照家训行事，但在面对孩子时还是要尽可能告诉他们基本的原则

是什么、祖先的理想是什么。当然，在言传的同时，家长最好能以身作则，给孩子树立良好的榜样。当孩子询问一些他们无法理解的社会问题时，我们一方面要告诉他们真实的世界并不是完美的，另一方面也要身体力行地让他们明白，我们得往完美的方向努力。

现在，针对社会问题，人们往往喜欢高谈阔论，但是很少身体力行，真可谓坐而论道的多、起而前行的少。古代传承家风、家教一直强调知行合一，强调个体修为，这是一个美好的传统。每个人都把自己做好，整个社会才会好起来。

“家训之祖”：《颜氏家训》

中华民族十分注重家教、家风的传承，有很多关于“治家”“修身”的著作流传下来。《颜氏家训》便是其中的第一本大作，被誉为“家训之祖”。《颜氏家训》从诞生到现在已经有1400多年，其中蕴含的教育理念并未随着时间的流逝而湮没，时至今日仍然闪烁着动人的光彩。

《颜氏家训》成书于南北朝时期。它既是一本家训著作，也是一本血泪之书，因为作者颜之推的人生经历非常坎坷。颜之推（531年～约595年），是南北朝及隋朝初年著名的学者、教育家。他祖籍山东，是孔子大弟子颜回的后裔，但生逢乱世，一生遭遇三次亡国之运。颜之推出生

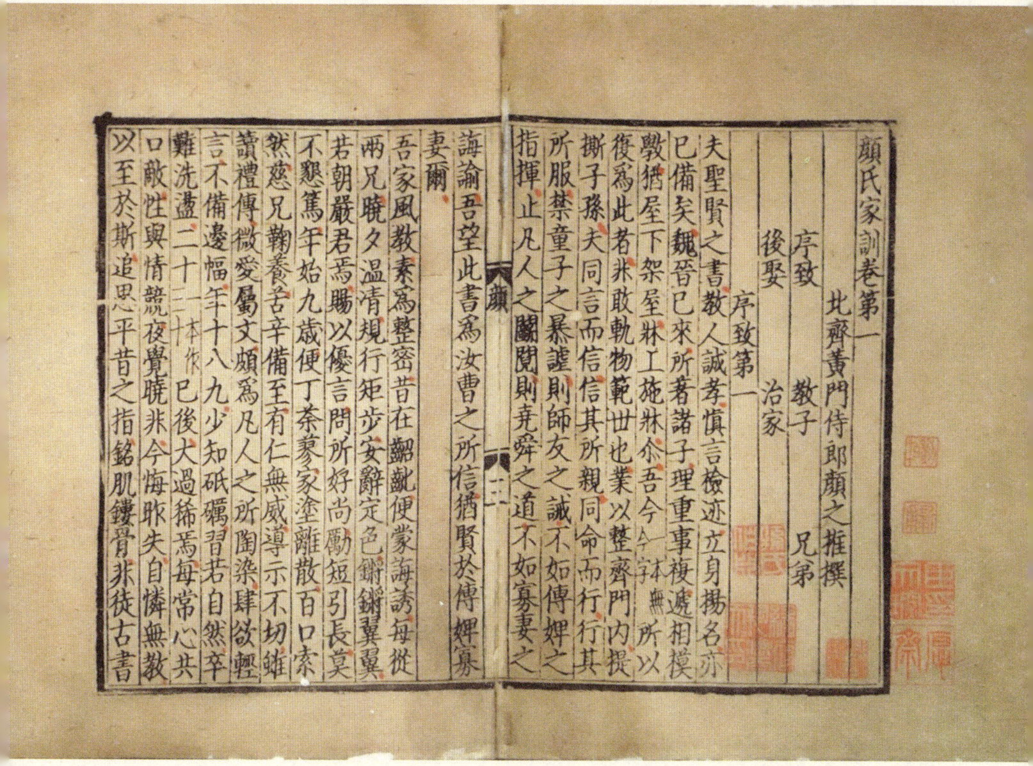
顔氏家訓卷第一
北齊黄門侍郎顔之推撰
序致 教子 兄弟
後娶 治家
序致第一
夫聖賢之書教人誠孝慎言檢迹立身揚名亦已備矣魏晉已來所著諸子理重事複遞相模斆猶屋下架屋牀上施牀耳吾今(一本無今字)所以復爲此者非敢軌物範世也業以整齊門内提撕子孫夫同言而信信其所親同命而行行其所服禁童子之暴謔則師友之誡不如傅婢之指揮止凡人之鬬鬩則堯舜之道不如寡妻之誨諭吾望此書爲汝曹之所信猶賢於傅婢寡妻耳
吾家風教素爲整密昔在齠齔便蒙誨誘每從兩兄曉夕温凊規行矩步安辭定色鏘鏘翼翼若朝嚴君焉賜以優言問所好尚勵短引長莫不懇篤年始九歲便丁荼蓼家塗離散百口索然慈兄鞠養苦辛備至有仁無威導示不切雖讀禮傳微愛屬文頗爲凡人之所陶染肆欲輕言不備邊幅年十八九少知砥礪習若自然卒難洗盪二十(一本作二十一)已後大過稀焉每常心共口敵性與情競夜覺曉非今悔昨失自憐無教以至於斯追思平昔之指銘肌鏤骨非徒古書

古本《颜氏家训》

于南梁的江陵，自小不喜虚谈而热衷学习。由于父亲在梁武帝第7个儿子湘东王萧绎的王府里当文书，颜之推便给王爷家的二儿子当伴读。后来，湘东王萧绎当了皇帝，史称梁元帝，颜之推就在皇帝身边编书。梁元帝搜罗了很多古书，另有很多新编的书，都交由颜之推校阅。

后来，西北部的西魏打来了，梁朝随即灭亡。颜之推成了俘虏，被西魏士兵押着去长安。西魏人知道他是给梁元帝编书的，很有文化，就没有杀他，但也没有重用他。颜之推没法接受西魏粗鲁的统治风格，就带着妻子和襁褓中的孩子，夜渡黄河700里，逃到了东边的北齐。在北齐，他做了黄门侍郎。他还劝说北齐皇帝成立了文林馆，号召当地的文人一起来编书。然而，没过几年，西魏的后身——北周又把北齐灭了，这是颜之推经历的第二次亡国。北周皇帝用“驷马安车”把颜之推接到了北周，但并没有重用他。颜之推一家生活得非常艰难。再后来，杨坚篡位北周，建立了隋朝，这是颜之推经历的第三次亡国。

正是在这样坎坷的经历中，颜之推认识到家族传承的重要性。为了家族的生存发展，他集毕生才华，写下3万多字的教子箴言——《颜氏家训》。

《颜氏家训》成就了颜之推，作为一位历史名人，他备受后世景仰的身份正是《颜氏家训》一书的作者。与此同时，颜之推也成就了家训文化。《颜氏家训》为家训文化首开先河，是我国古代家庭教育理论发展史上的一颗璀璨的明珠。颜之推对家庭教育和子弟学习高度重视，他的许多主张影响深远，《颜氏家训》因此也被后世誉为“家教圣经”。

开中国家训先河

《颜氏家训》是我国第一部体大思精的家训，涉及家庭教育的方方面面，正可谓“述立身治家之法，辨正时俗之谬”。

《颜氏家训》之要义，第一是要处理好家庭关系，因为于乱世之中一个人难以生存，需要依靠家庭的力量；第二是要修身，要有本事、有学问、有风度，这样无论走到哪里都能落地生根；第三是要保持贵族教养，不能让家业沦落。

《颜氏家训》共七卷二十篇，分别是序致第一、教子第二、兄弟第三、后娶第四、治家第五、风操第六、慕贤第七、勉学第八、文章第九、名实第十、涉务第十一、省事第十二、止足第十三、诫兵第十四、养生第十五、归心第十六、书证第十七、音辞第十八、杂艺第十九、终制第二十。它涵盖的内容非常丰富，但主体无非是两个部分。第一部分是教导子孙如何治家、读书和做人，这是家训的核心内容。第二部分是贵族教养，主要讲当时的贵族技艺，如音乐、音辞等。可谓篇篇有用，字字珠玑。

造就颜氏子孙人才辈出

《颜氏家训》之所以为人所重，不仅在于它体大思精，更在于它真正训导出了优秀子弟。颜之推有三个儿子，大儿子叫颜思鲁——寓意颜之推思念鲁地故乡的心意，二儿子叫颜愍楚——寓意颜之推想念南方楚地的情怀，三儿子叫颜游秦——寓意颜之推在西北秦地的辗转经历。从三个儿子的名字可以看出，颜之推一家在乱世之中辗转南北、颠沛流离的遭遇。这样的乱世往往会给一个家族毁灭性的打击，但颜氏一门的家风却得以延续，颜氏三子皆有学问，克绍箕裘。

颜思鲁是把《颜氏家训》真正传承下来的人，他记录、编撰、修订了《颜氏家训》，使之流芳百世。颜愍楚则继承了父亲在音韵学方面的研究，著有《证俗音略》二卷。颜游秦的主要成就则是注释《汉书》。颜之推的孙辈更为出色，其中有一位非常有名，就是初唐大学问家颜师古。颜师古是颜思鲁的儿子，也以注释《汉书》出名。唐朝初年，他专管校订古书的工作，每遇疑惑不解的奇文难字，都能一一辨析，并说明其本源，令时人钦佩不已。颜氏此后更是人才辈出。唐代大书法家颜真卿也是颜氏后人，颜真卿不仅擅长书法，更有忠肝义胆。再往后到唐朝中后期、宋朝、元朝，乃至明朝，颜氏均以书香世家闻名，出了相当多的人才。

俗话说："富不过三代。"也有人说"君子之泽，五世而斩"，意思是说，君子之家传到第五代也就到了大限了。但是颜氏家族人才辈出，经历十世、二十世依然兴旺，这足见《颜氏家训》在家族维系方面的作用。

那么，《颜氏家训》到底有怎样的好处呢？其实，《颜氏家训》并不特别"高大上"，没有把明道修德放在首要位置，只是在论述如何安身立命，这也是"家训"之类书籍的最大特色。家训是针对子孙的教训，是一种很私

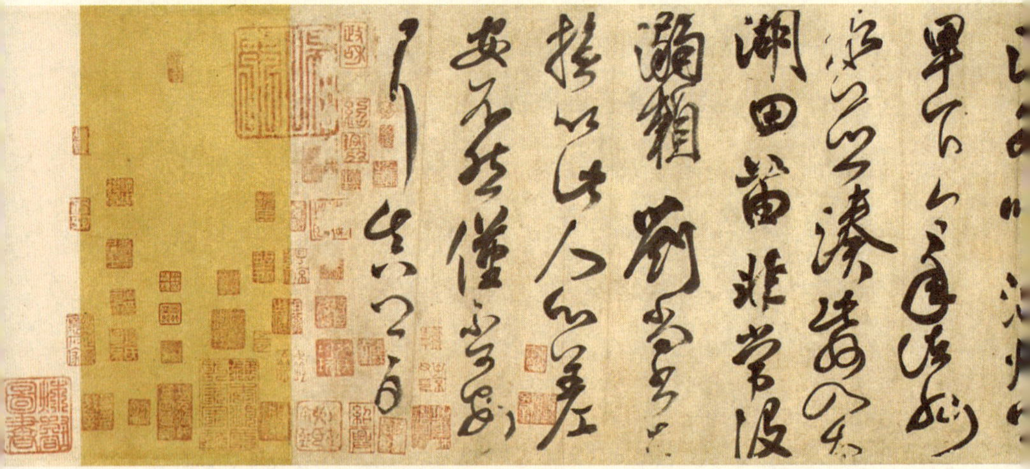

颜真卿行书《湖州帖》

人化的训导。长辈对子孙的期待，首先是好好活下来，然后才是成就事业、修齐治平。这样的视角更贴近人心，也更贴近现实，才能使得子孙想学、能学，进而学以致用。这是家训智慧与慈悲的一面。

那么，到底怎样才能安身立命呢？颜之推的答案和当代家长的答案大体一致，那就是要好好读书。当年，颜之推的大儿子颜思鲁觉得父亲负担太重，想要放弃学业，但是颜之推断然拒绝了儿子的请求："你若放弃学业而一意求财，即使可让我丰衣足食又怎样呢？我吃了好的会觉得味道甘美吗？穿了好的能感受到温暖吗？只要你能好好读古圣贤书、继承家业，就算粗衣粝食，我也心甘情愿。"一门心思鼓励孩子读书，这个话题看似有点沉重，实则隐藏着无穷希望。

从古至今，中国社会都允许流动，而流动要有文化做基础，因此中国的家长无论从事何种职业，都希望孩子能够读书，希望"青出于蓝而胜于蓝"。中国的家长并不特别期待孩子继承家业，相反都愿意培养孩子读书，而且要尽自己所能给孩子创造最好的读书条件。这里面并不是没有问题，但这种集体态度本身就是促进中国社会进步的原动力之一。

德国著名哲学家康德说过，个人是不完美的，历史的完美要靠人类集体来实现。集体如何实现完美？就是要靠一代接一代的奋斗。每个人的生存时间有限，最长不过百年左右，一代人没有达到的高度，就得靠儿孙一代一代的努力来实现。“愚公移山”的故事说的是这个道理，《颜氏家训》说的也是这个道理。

注重对婴幼儿的教育

《颜氏家训》中著名的“教子篇”，首先提及胎教以及对婴幼儿的教育。现在，很多人在争论，胎教到底有没有用，以及该如何进行胎教。但是，中国古人对胎教的意义不曾置疑。

胎教理论在中国古代出现得非常早。《史书》记载，周文王的母亲在怀孕时“目不视恶色，耳不听淫声，口不出傲言”，这就是一种胎教。中国古人认为，女性在怀孕期间的心情可能影响孩子的人生走向，因此为人母者必须严肃对待自己的一视一听、一颦一笑。孟子的母亲曾经说，自己怀孕时“席不正不坐，割不正不食”，这也是对

清朝画家金廷标所绘《儿童斗草图》

自己行为的约束。《颜氏家训》非常认同这些思想。它提出：作为孕妇，要“目不邪视，耳不妄听，音声滋味，以礼节之”。这其实是母亲为迎接孩子的诞生在心态和环境层面所做的准备，这种心态和环境塑造着母亲，当然也间接塑造着孩子。

不过，相比胎教，《教子》篇更注重孩子的早期教育。颜之推说：“当及婴稚，识人颜色，知人喜怒，便加教诲，使为则为，使止则止。”孩子刚学会辨识大人的喜怒之时，就要对其进行教诲。为什么这样要求呢？因为婴幼儿如同一张白纸，任何一笔描画，都可能产生难以逆转的影响。比如，孩子吃完饭把碗往前一推就算完事，如果家长一直不纠正，孩子就会认为家务劳动与己无关，从而容易形成好逸恶劳的品性，甚至冷漠自私的人格。等孩子长大后再教育，孩子不仅很难改正，而且还会觉得十分困惑，为什么我之前这样做可以，现在就不行了？是不是你不再爱我了呢？这样一来，家长的教育就被动了。所以，颜之推说：“教妇初来，教儿婴孩。”也就是说，习惯成自然，而培养习惯要趁早。

现实生活中，很多家长觉得，孩子那么小，对他过于严格，实在是“舍不得”。这也是人之常情。那么，怎样才能做到“舍得”？这就要求家长的眼光要放长远一点儿，要为孩子的将来考虑。中国古代有个著名的故事，叫“触龙说赵太后”。

先秦时期，赵国太后特别喜欢小儿子长安君。有一次，秦国攻打赵国，赵国向齐国求救，齐国向赵国提出的援助条件是让长安君到齐国做人质。赵太后情感上不能接受，但是如果她不照做，赵国可能就会亡国。

这时，老臣触龙前来游说赵太后，他说：“燕国王后和长安君都是您的孩子，我猜您喜欢女儿胜于儿子。”

赵太后说：“没这回事，我喜欢儿子胜于女儿。”

触龙说：“您送女儿出嫁燕国的时候，舍不得她，抱着她哭，但是您每次祭祀时都祈祷她千万别回来。为什么？因为燕后若回来了，那就意味着她被休弃了，或是燕国亡国了。所以，您那么想女儿，却如此祈祷。其实，您是为她以后的安身立命着想。可是，您把长安君留在自己身边，不让他出去经历风雨。他现在什么都有了，唯独还缺功劳。他没有功劳，光有公子哥儿的习气，今后大臣能服他吗？您现在不替他做长远考虑，可不就是不爱他吗？”

赵太后一听，立刻答应送小儿子去做人质。

要从长远为孩子着想，家长若能有这样的觉悟，面对孩子时，也许就“舍得”了。

父子要“亲密有间”

我们往往会觉得，家庭教育主要是母亲的事。但《颜氏家训》有文字专门讨论父子关系。在颜之推看来，合理的父子关系到底应该是什么样的呢？他说：

> 父子之严，不可以狎；骨肉之爱，不可以简。简则慈孝不接，狎则怠慢生焉。

父子之间的关系要严肃，不可以过分狎昵。骨肉之间确实要有亲子之情，但是不可以简慢。所谓狎昵，就是没有规矩，没大没小。所谓简慢，就是没有原则，无拘无束。这些都是颜之推反对的父子关系。他认为，父子之间要有爱，但更要有规矩礼法，这种规矩礼法是一个家庭长幼有序的基础。

这一点跟西方很不一样。西方强调亲子之间建立亲密关系，而中国古人则强调父爱如山，要有威严感。为什么会这样呢？因为中国传统上讲礼乐文明，而礼讲究的就是秩序。社会上的一切秩序都根植于家庭秩序，根植于亲子秩序。因此，如果父子之间没有规矩，那么推而广之，长幼之间、上下之间、君臣之间也就没有了规矩。没有规矩好不好呢？中国古人认为不好，因为没有礼的区别也就没有乐的和谐。父子之间如果没了规矩，家里也就乱了套，就不和谐了。今天我们当然不能完全认可颜之推的这一提法，因为我们认为父子之间也可以亲密。也即，我们认为，父子亲密并不意味着父亲会失去威严。事实上，孩子的成长需要引导，需要榜样的引导。那么，谁来扮演这个角色呢？父亲仍然是合理的选择。这样的父子关系不是不爱，而是要有原则、有规矩地爱。

颜之推在家训中说，如果有条件的话，父子要各自住在自己的房间，要保持距离。这是一个很有意思的认识。颜之推认为，私室是一个容易让人放松的地方，人在放松的状态难免会表现出一些随意甚至是放纵。这对于个人生活无伤大雅，但并不适合被人观摩，更不应该被人效法。

而父亲既然承担着榜样的职责，就不宜把太多的弱点暴露于孩子面前。换句话说，亲子关系需要一点仰视感，而仰视又需要距离。这样一来，颜之推并非从保护个人隐私的角度，而是从维持良好的父子关系的角度，提出了一个看起来“很现代”的概念——父子两代人各自需要独立的空间，正所谓距离产生美。

颜之推认可的亲子关系还有一个要素，那就是公平。对于亲子关系，颜之推第一反对溺爱，第二反对偏爱。他说，相对来讲，父母肯定更喜爱贤俊之才，这是人之常情，但是父母要有所节制，要考虑言行是否恰当。因为偏心可能导致溺爱，而溺爱不仅会害了原本聪敏的孩子，同时还会让不受重视的孩子产生各种问题。关于这一点，三国时期曹操区别对待两个儿子曹丕与曹植的故事很能说明问题。

曹操既是杰出的政治家，又是出色的文学家。他的两个儿子曹丕和曹植也都非常优秀。相比之下，曹丕的政治能力更强，而曹植的文学才华更优。曹操对曹植格外偏爱。在这种情况下，曹丕很没有安全感，对弟弟处处设防，甚至在即位之后，还是对父亲偏爱弟弟一事难以释怀。据传，曹植著名的《七步诗》就是在兄长的逼迫之下写的。“煮豆持作羹，漉菽以为汁。萁在釜下燃，豆在釜中泣。本是同根生，相煎何太急！”这样的人伦悲剧，未必不是曹操早年待子不公导致的。

如今，我们国家正在努力提高生育率，二胎家庭、三胎家庭逐渐增多。在这种情况下，面对孩子时如何做到一碗水端平，时时考验着今日家长的智慧和耐心。或许没有人能够真正做到绝对的公平，但是只要家长常怀公平之心，孩子无论男女、强弱、贤愚都能感受到父母的关心，那么家人之间融融泄泄的温情就会弥合各种小小不言的“不平”，从而让每个人各得其所。

《颜氏家训》之“勉学”

《颜氏家训》问世以后，在诗礼人家广为传颂。时至今日，其中的教育理念时隔千年仍有强大生命力。比如，“积财千万，不如薄伎在身”早已成为人们教育子孙的千古名句。

人到底为什么要学习呢？颜之推给出了一个很世俗的答案。他说：“自荒乱以来，诸见俘虏，虽百世小人，知读《论语》《孝经》者，尚为人师；虽千载冠冕，不晓书记者，莫不耕田养马。以此观之，安可不自勉耶？若能常保数百卷书，千载终不为小人也。”什么意思呢？自从动乱以来，我见过太多在战争中成为俘虏的人。有些人虽出自寒门，但只要懂得《论语》《孝经》，就能给人家当老师；有些人虽是世家子弟，但由于不会书写，只能给人家耕田养马。从这点来看，人怎能不努力学习呢？如能经常保有几百卷书，即使再过一千年，也不会沦为贫贱之人。这个答案多世俗，又多沉重啊！

颜之推本身推崇诗礼传家，他岂不知读书最大的意义在于明理，在于人格的养成？但是，身处乱世之中，面对随时可能遭遇祸乱的孩子，他讲了一个更实在的担忧：天下动荡，怎样才能活下去？

颜之推一生经历坎坷，基于自己悲惨的经历，他深深地认识到，生逢乱世，祖宗家世、田产官爵都是浮云。虽然遭遇了很多困境，颜之推始终没有沦落到社会最底层，相反他一直很受重视。为什么呢？因为他有才华。正是这样的人生经历让颜之推把读书和求生联系在了一起。他告诫孩子，虽然当时的社会是一个讲究门第的社会，但门第并不牢靠，唯有读书才能帮自己真正安身立命。这样的认识并不会让人觉得有多高明，但它是基于血泪生成的道理，在中国的文化传统中自有价值。

学习的意义在于成为更好的自己

我们知道，求生也许并不是读书的全部意义所在。有的人没有学问却成了帝王将相，有的人皓首穷经却穷困潦倒，这难道能证明读书无用吗？其实不然。颜之推说，读书的目的不仅在于生存，更在于成长。比如，一块木头经过雕凿会变成桌子、椅子，有了更多的用途。再如，一块金子经过打磨可以成为帝王的金盘，一块玉石经过琢磨可以成为美人的配饰。也即，切磋琢磨让木头和金石都变得更美好、更有用。与此类似，人的天资可能不同，机遇、运气也各不一样，但是无论如何学习都可以让人变得更美好、更有用。所以，学习更重要的意义在于可以让人成长。

可能有人会问，那你如何解释“坑灰未冷山东乱，刘项原来不读书”呢？刘邦和项羽都不怎么学习，却一个成了大汉的开国皇帝，一个成为赫赫有名的西楚霸王。

刘邦和项羽确实没有读太多的书，不过这并不意味着他们不学习。项羽小的时候学剑，不甘心只学“一人敌”，于是又学习兵法，学“万人敌”，这就是他成为西楚霸王的基础。刘邦更有趣。他的学问不好，但他是个机灵的人，在泗水做亭长时结识了各路英雄，从他们身上学习了很多社会知识，也在秦末乱世这个大的“社会学校”里学会了好多纵横捭阖的道理，这是他能打败项羽的重要基础。刘邦成为汉朝开国皇帝之后，又开始学习治国的道理。当年，叔孙通帮刘邦制礼作乐，让他认识到儒学在稳定社会秩序、维护皇权方面的重大意义。刘邦于是重用叔孙通，推行儒家伦理规范，这难道不也是学习吗？这样看来，“刘项原来不读书”的说法不免失之偏颇，他们可能没有读那么多儒家经典，但他们在别的领域从没停止学习。

我们中国人常说“欲高门第须为善，要好儿孙必读书”。也就是说，学习从最小的意义来讲有助于谋生，从更大的意义来讲有助于完善自己。成名成家、光宗耀祖可能需要很多机缘，但在所有的机缘到来之前，我们要通过读书长本领、长见识，让自己变好，有朝一日才能真正把握住各种机缘。

童年是学习的黄金时期

学习很重要，那么究竟该如何学习呢？中国古人讲过很多关于学习的道理。孔子说："学而时习之，不亦说乎？"这是强调复习的意义。孟子讲："思则得之，不思则不得也。"这是强调思考的意义。颜之推对学习方法有什么心得呢？他特别重视童子功，他说：

> 人生小幼，精神专利，长成已后，思虑散逸，固须早教，勿失机也。

意思是说，人在小时候更为专注、敏锐，长大之后心思就多了，所以学什么都要趁早。

除了讲理论，颜之推还举了自己的例子。他7岁的时候开始背《灵光殿赋》。这是东汉时期的一篇赞颂鲁国灵光殿的大赋，内容与小孩的生活相去甚远。颜之推根本没见过灵光殿，无从想象它的雄伟庄严。另外，这篇赋很长，有1000多字，其中的很多字他都不认识。这样的话，背诵有意义吗？颜之推说，意义太大了。他7岁时开始背《灵光殿赋》，之后差不多每10年温习一次，他一直没有遗忘这篇大赋，随时能脱口而出。相反，他长大成人之后学习、背诵文章，无论怎么努力都记不牢固。他认为，这其中最重要的原因在于，人小的时候精神专注、心无旁骛，不但学得快，而且记得牢。长大之后，人每天被俗务缠身，情志纷乱，所学的学问很快会被其他信息湮没。所以，按照颜之推的理解，读书要趁早。

很多人有疑虑，每天学那么多知识，孩子都能搞懂吗？孩子就算把所有知识都背下来了，若搞不明白又有何用呢？中国国家图书馆原馆长任继愈先生曾经讲过自己的一个经历，可给予我们很多启发。任继愈先生小时候，爷爷指导他读《道德经》。《道德经》蕴含了很多哲理，小孩子很难理解。任继愈也觉得读不懂，进而对爷爷总让自己读《道德经》这件事很不理解。爷爷意识到这个问题后，就给了任继愈一个平常装煤的篮子，让他到河边打一篮子水回来。任继愈拿着篮子去打水，当然无法打水回来。可爷爷并不放过他，反复让他拿着篮子去打水，结果可想而知。任继愈就对爷爷说，这不是做无用功吗？听到任继愈这么说，爷爷便问他，那你看看篮子有没有变化？任继愈拿起篮子仔细一看，这才发现，原先装煤的脏篮子已经变得干干净净。爷爷这才告诉他，读书的意义就在于此，你现在读《道德经》也好，读别的书也罢，你可能不

古画《斗草图》

完全读得懂，但是你读书时的状态、阅读时的气氛，甚至你朗诵时的声音，都会潜移默化地影响你，让你的心更干净，而你的心干净了，以后慢慢就能装下更多东西了。这就是耳濡目染的神奇之处。

苏东坡有诗云："腹有诗书气自华。"读书对我们来讲是一种综合性的提升，就像罗马不是一天建成的一样，我们想要做"谦谦君子"或"窈窕淑女"也要经过长久的"切磋琢磨"。从小读书不仅可积累知识，更能培养人格，这就是趁早读书的意义。

要有终身学习的态度和能力

由于种种原因，并不是每个人从小都有读书的机会。如果错过了学习的黄金期，怎么办呢？颜之推说，人生坎壈，有些人小时候没有条件读书，长大后再学习也并无不可。那么，长大后学习和小时候学习有何区别呢？颜之推认为：

> 幼而学者，如日出之光，老而学者，如秉烛夜行，犹贤乎瞑目而无见者也。

意思是说，小时候就努力学习的人就好像日出之光，前途无限；老了之后才开始学习的人虽然像是秉烛夜行，但总比闭着眼睛走路什么都看不见的人强。

这句话出自西汉刘向所著《说苑》中的一个故事。

鲁国君主鲁平王特别欣赏乐圣师旷，他觉得师旷虽然是一个盲人，内心却有很多颇为高明的见解。

有一次，鲁平王问师旷："我特别想学习，可是我年近70，是不是已经来不及了？"

师旷回答："为何不点根蜡烛呢？"

鲁平王很生气，认为师旷在戏弄自己。

师旷解释说："幼时好学如日出东方，壮年好学如日在中天，晚年好学就像蜡烛之明。蜡烛之光虽然微弱，但总比黑灯瞎火强。"

从小读书固然重要，但如果此前没有做到，那就在人生的任何阶段随时开始学习吧。无论何时，只要学习，就有意义。

颜之推还讲了孔子和公孙弘的例子。孔子虽然15岁就已经有志于学，但直到50岁时才开始学习《周易》。尽管开始得晚，但孔子有韦编三绝的勤奋，最终读通了《周易》。公孙弘40岁时还在海边放猪，有一天他突然醒悟，觉得自己的一生不可以这样浪掷，于是折节读书，到60多岁才终于有机会参加国家“举贤良”的考试，却又因年龄太大而得不到重视。这时他认识了一个叫辕固生的人，此人是西汉时期研究《诗经》的大家。公孙弘并没有因为自己年老而减少学习的热情，又跟着辕固生认真读书。过了几年，国家又一次举办“举贤良”考试，公孙弘再次参加，被汉武帝钦点为第一名，从此拜相封侯。这真是催人奋进的例子。

有《颜氏家训》在前，后世很多教育类书籍都倡导终身学习。例如，《三字经》云：“苏老泉，二十七。始发愤，读书籍。”这里讲的是唐宋八大家之一苏洵的故事。苏洵号老泉，小时候很顽皮，不知读书的重要性，直至27岁时，才终于明白过来，开始发愤读书。这个时候，他的两个儿子苏轼和苏辙都出生了，于是便带着他们一起读书。这样的读书有没有成效呢？当然有成效。后来，苏洵父子三人都考中了进士，成就了一段佳话。

再比如，三国时期的江东名将吕蒙，从小习武，长大后成为一名将军，腹内并没有多少文墨。这样的人当将军，眼界和心胸肯定都有欠缺。怎么办呢？孙权劝诫吕蒙，你的官越来越大，你要不断学习，才能配得上现在的位置。吕蒙推托说，我现在事情太多，没时间学习。孙权就问他，你和我比起来谁的事情更多呢？我作为一国之主，比你的事情多多了，但还在坚持天天学习。吕蒙听了非常惭愧，从此开始认真读书。后来，吕蒙与鲁肃议论国家大事，鲁肃惊讶地说："卿今者才略，非复吴下阿蒙！"这告诉我们，无论从什么时候开始，只要读书，就会获得成长。

读书要求通解

荀子写过一篇名为《劝学》的文章，这篇文章与《勉学》一样，是讲学习的意义及方法的。荀子说："不积跬步，无以至千里；不积小流，无以成江海。"意思是说，学习重在积累，要一点一滴积累，才能走上学问的巅峰。这是荀子《劝学》一文中很重要的思想。

《勉学》对于做学问，又持什么态度呢？颜之推特别忌讳寻章摘句，钻牛角尖。他说，梁朝贵族子弟有什么缺点呢？第一个问题是涂脂抹粉，把自己装扮得很漂亮，腹内却空空如也；第二个问题是寻章摘句，施展雕虫小技，把诗文写得很华丽，但是没有写出任何实际内容。这样的人没有什么经邦济世之才，这样的学问也不是真学问。《颜氏家训》中提到一个“博士买驴”的故事。有一个自以为博学多才的人，准备去市场上买一头驴。他写契约用了三张纸，却不见一个“驴”字。这就是寻章摘句，华而不实。

颜之推认为，古之学者是为己，希望追求自身的成长；当下学者是为人，只为在别人面前炫耀，其实并无实际目的。那么，读书到底应该追求一种什么境界呢？他认为，人读书要“求通解”。“求通解”和“求甚解”不一样。所谓“求甚解”，虽然看上去很认真，有时候不免有钻牛角尖的可能，但“求通解”则不然。“通解”说的是大格局、大方向。比如，关羽喜欢读《春秋》，他不一定知道《春秋》中每个字的含义，但他体会到了《春秋》中所讲的忠孝节义的价值观，他也身体力行地实践了这样的价值观，这就是“读春秋，知大义”，也就是“求通解”。

好学还需笃行

颜之推认为，读书最重要的目的不是记住书中的文字，而是要实践书中的思想。比如，有人不懂得奉养双亲，等读了书后，看到古人和声下气、不怕劳苦，一心一意奉养父母，于是谨慎戒惧、起而照办。比如，有人不懂得侍奉君主，从书中看到古人守职不越权、见危不惜命，于是忠义填胸、想要效法。比如，有人一贯骄傲奢侈，从书中看到古人恭俭节约、谦卑养德，于是收敛蛮横、抑制骄奢。这便是学习的意义。如果只是吟啸谈谑，完全不肯实践，对个人、家庭和国家都一无所用，这样读书就算白读了。这其实就是中国古人一贯坚持的学以致用、知行合一的思想，这样的理念，我们今天也要继续坚持。

《袁氏世范》之“睦亲”

中国的家训文化发展到宋代，进入成熟阶段，出现了很多对后世影响深远的家训著作，卷帙浩繁，洋洋大观。《袁氏世范》是其中的佼佼者，在中国家训文化史上堪称继《颜氏家训》之后的又一里程碑。《袁氏世范》中究竟蕴含着哪些具体的伦理观念和家教原则，对当今的家庭文明建设又有怎样的借鉴意义呢？

《袁氏世范》与《颜氏家训》大不同

和撰写《颜氏家训》的颜之推不同，《袁氏世范》的作者袁采可不是世家大族出身，他生长于寒门小户，因为苦读中了进士，做了一个不大的官。在宋朝的时代风气下，他的儿孙是否能保住家业其实是未知数，关键在于他们是否能够继续考中进士。一位是世家子弟，一位是寒门儿郎。可想而知，袁采写的《袁氏世范》更接地气，也更容易被今天的人所接纳。

袁采和颜之推不仅出身不同，生活的时代背景更是大为不同。颜之推所处的时代号称世族社会，高门大族的眼里不仅没有普通百姓，甚至连皇权也不放在心上。世家大族的子弟世代为官，除非遇到特别的变故，基本不用考虑前途出路。正因为如此，颜之推所写的家训非常具有贵族趣味，比如他用大量篇幅教子弟学习书法、射箭、唱歌、演奏乐器等风雅的才艺，其中的文章也非常典雅，处处引经据典。

袁采所处的宋代，已经是极权统治下的官僚社会。在这样的社会，皇帝高高在上，官僚和老百姓之间的差距却没有那么大了。因为科举制，社会流动性大大加强，“朝为田舍郎，暮登天子堂”已经成为时代主题。即使出身寒门小户，只要考中进士，照样能够为官做宰。这样一来，老百姓的地位就大大提高了。正因为如此，袁采坚信，老百姓也应该接受教育，兴家立业。他认为，虽然普通百姓难以有更高层面的追求，但有三个问题值得深入思考：第一是睦亲，即如何跟家庭成员、亲戚朋友相处；第二是处己，即如何为人处世，上接先人，下启后嗣；第三是治家，即努力经营家业，勤劳致富。这样的追求和我们今天很多人的追求颇多一致之处，因此我们看《袁氏世范》，会比看《颜氏家训》更有熟悉、亲切之感。

而且，《袁氏世范》的适用范围也比《颜氏家训》更广。《颜氏家训》，顾名思义，就是给颜家的后人看的，是一门之训。《袁氏世范》则不然。袁采考中进士后在浙江温州乐清县做官。如何管理百姓，让他们自觉向善呢？为此，袁采写了一本《俗训》，这名字的意思是，这就是给老百姓看的一些劝勉、教导之言。结果，在乐清县推行之后，他发现效果不错。不仅村夫野老，甚至幽闺妇女都能看懂，而且行得通。袁采大受鼓舞，便邀请好朋友写序。这个朋友一看内容，拍案叫好，并称赞说，这不仅是给一县百姓写的，更是给一国百姓写的；不仅是给当代人写的，更是给子孙后代写的。这个朋友还建议袁采不要称其为“俗训”，应该称之为“世范”，意即世代可行，放之四海而皆准。这本著作最后定名为《袁氏世范》。

袁采面对的已经不是魏晋南北朝时期动辄几百人乃至上千人的高门大族。恰恰相反，他辖下的百姓，都是一家五口，甚至一家三口的小家庭。这样的小家庭里，家庭成员朝夕相处，耳鬓厮磨，难免发生矛盾。因此，《袁氏世范》最先关注“睦亲”，注重家庭成员的和睦。一个家庭，怎样才能和睦呢？袁采不是板着面孔教训人，他没有说父必须慈、子必须孝、兄必须友、弟必须恭。袁采说，家庭和睦要从根源上入手。我们一般觉得，家庭不和大概率是因为财产纷争，或者家长和孩子的代际纠纷。但袁采认为，家庭中最主要的矛盾其实不是这些问题，家庭成员性情不同、脾气不同、兴趣爱好不同才是矛盾产生的根本原因。因为财产纠纷只是一时之事，而日常生活中的磨牙斗嘴却无时无刻不在发生。

应该允许求同存异

因为有这样的认识，袁采认为，要解决矛盾第一重要的事就是“性不可强合”。也即，彼此性情不同，千万不要互相勉强。他说：

为父兄者，通情于子弟，而不责子弟之同于己；为子弟者，仰承于父兄，而不望父兄惟己之听，则处事之际，必相和协，无乖争之患。

也就是说，为父为兄不要强迫子女与弟弟跟自己的想法一样，为子为弟也不要要求父亲与兄长跟自己的想法一样，如果奢求一致，势必产生矛盾。

历史上相关的例子很多。隋朝时，隋文帝杨坚原本立嫡长子杨勇为太子，这也非常符合当时的立储规矩。但是慢慢地，杨坚就不太喜欢杨勇了。杨坚是一个很节俭的人，他的皇后独孤氏也特别俭朴。据说，在独孤氏的训导下，整个后宫甚至连一盒香粉都没有。可是杨勇比较喜欢打扮，他的刀上会雕花，帐子上也会刺绣。这当然有点奢华，但对一个皇太子而言也并非特别严重的问题，毕竟社会经济状况在好转，人们也需要消费。但是杨坚夫妇特别看不上这一点，而且毫不掩饰地表达了出来。由此，他们的二儿子杨广就动了心思，开始投其所好。父母不喜欢奢侈，杨广就把帐子换成灰色或者黑色的；父母不喜欢轻浮，他就让乐器都蒙上一层尘土；父母提倡一夫一妻制，他就不纳妾。最后，杨坚终于把太子杨勇废掉，立杨广为储君。不料杨广登基后，一改从前的面目，比谁都奢侈、荒唐，直接导致隋朝灭亡。这就是家庭悲剧衍生的国家悲剧。

这样看来，家长确实不能强迫孩子跟自己的喜好一样，或者要求孩子事事按照自己的要求行事。孩子知道家长强大，自己弱小，也许会采取迎合的策略，但这仅仅是一时之需，非一世之守。孩子长大成人后，可能会对早年被压抑的情感需求和物质需求进行变本加厉的补偿，这既违背家长的初心，也违背孩子的初心。

家长需要接受孩子和自己的期待不一致，同理，孩子也不要指望家长的脾气、性格、爱好和自己一致，永远能够理解自己。事实上，人必须接受一个事实，那就是人与人之间有时候确实互不理解。“不同”是常态，“同”反倒是特殊。古人讲过“求同存异”的道理，也讲过“和而不同”的原则，这些道理适用的场域，首先就是我们最为熟悉，也最为仰赖的家庭。

人宜将心比心

人和人不同是常态，那怎样才能真正做到“和而不同”呢？最重要的其实就是要学会将心比心，尽量多换位思考，站在别人的角度考虑问题。《袁氏世范》讲：

> 为父者曰：“吾今日为人之父，盖前日尝为人之子矣。凡吾前日事亲之道，每事尽善，则为子者得于见闻，不待教诏而知效。倘吾前日事亲之道有所未善，将以责其子，得不有愧于心？”
>
> 为子者曰：“吾今日为人之子，则他日亦当为人之父。今吾父之抚育我者如此，畀付我者如此，亦云厚矣。他日吾之待其子，不异于吾之父，则可以俯仰无愧。若或不及，非惟有负于其子，亦何颜以见其父？”

这就是典型的换位思考，反求诸已。家长对孩子提要求时，要反思当初自己为人子的时候，是否能够一一实现父母的愿望。父母如果做得特别好，那么自然就会形成身教，孩子也差不到哪里去。如果父母为人子时也有做不到的地方，那么何必要求孩子凡事都得做到呢？

孩子对家长不满意时，要考虑自己有一天也会成为别人的父母，那么又会怎样对待自己的孩子呢？真的会比自己的父母做得更好吗？如果没有信心做得比父母更好，此刻苛责他们，又于心何忍呢？中国有句老话“养儿方知父母恩”，说的就是这个道理。

多想他人的好处

通常来讲，家庭之中没有不可调和的矛盾。换位思考之外，多想想他人的好处，很自然地也就能做到心平气和了。袁采说：

> 为人父者，能以他人之不肖子喻己子；为人子者，能以他人之不贤父喻己父，则父慈而子愈孝，子孝而父益慈，无偏胜之患矣。

意思是说，父母如果觉得儿女不好，就多想想别人的不孝子女还不如自己的儿女，心里就会松快一点儿；子女多想想别人的父母可能还不如自己的父母，对父母的感觉也会更好些。也即，彼此都想想对方的好处，心平气和了，自然就能和颜悦色。彼此都能和颜悦色了，父慈子孝的温馨氛围自然也就形成了。

现在有一个说法，叫“别人家的孩子”。很多家长都愿意拿“别人家的孩子”来激励自己的孩子，拿别人家孩子的长处来比较自家孩子的短处。这本是出于好心，但往往收不到好的效果，反倒让孩子产生逆反心理。袁采真是目光如炬，他在宋朝就注意到了此类问题，而且提出，要换一种方式反向比——往下比。往上比心高气傲，往下比心平气和。家庭最重要的，不就是和气吗？人的成就有多大，大概三分靠天分，三分靠努力，三分靠时势，还有一分靠运气。很多事并不是家长和孩子能完全说了算的，但和睦相处只需双方保持平和心态就足够了，为什么不努力实践一下呢？

就拿《红楼梦》来说吧。贾政整天嫌贾宝玉不好好念书，不走他喜欢的仕途经济之路。但我们都知道，贾宝玉并非一个坏孩子，他文采过人，情深义重，只是对世界有自己的一番理解，不能完全认同贾政的价值观罢了。按照袁采的建议，这样的一对父子应该怎么相处呢?

贾政觉得宝玉该打时，可以先想想宝玉比之薛蟠如何。薛蟠是一个浪荡子，经常惹是生非，而宝玉风流倜傥、宅心仁厚。所以，贾政何必要求宝玉事事必须符合自己的期望呢?

反过来说，宝玉对贾政也不必太有怨念，贾政并不像贾赦、贾珍一样荒唐，他为人方正、私德很好，做官也有模有样。贾政为什么有那么传统甚至迂腐的观念？恰恰因为他是一个父亲，所以才对儿子有很高的期待。而且，他还要操心整个贾氏宗族的前途命运，哪还有什么讲求浪漫的余地呢？宝玉如果静下心多想想父亲的处境，也就能理解父亲了。

说到底，何谓父慈子孝？做父亲的多想想儿子的长处，就会更慈爱；做儿子的多理解父亲的苦处，就会更孝顺。多看看对方的优点，就能有温和的心情、温和的言语。彼此都温和一些、宽容一些，不就海阔天空了嘛!

相处贵宽容，亲戚莫记仇

“宽容”两个字，说起来容易做起来难。袁采说，看家庭成员有不足，就好比看到自己身上有赘疣。赘疣看着不美，但也只能接受，宽心待之。

有的时候，如果实在做不到宽容，爆发了冲突，该怎么办呢？袁采主张，这时候必须得有人先服软。家人之间很少有大是大非的矛盾，一般都是鸡毛蒜皮的小事。如果谁都不肯让步，那只会让矛盾越发激化，最终酿成不可调和的悲剧。相反，如果有人能先退一步，矛盾的另一方也能及时熄火，彼此都有台阶可下，也就能和解了。所以，真能“下气”的人未必软弱。相反，“下气”有“下气”的智慧，有的时候，“下气”其实是为了“顺气”。

唐朝有位禅师，法号法昭，曾经写过相关的劝善诗，写得非常好。其中有四句是这样的：

同气连枝各自荣，些些言语莫伤情。

一回相见一回老，能得几时为弟兄。

意思是说，兄弟像一棵树上长出来的树枝，偶尔可能争吵，但千万不要伤了和气；彼此都在一天天变老，还能做得几天兄弟呢？所以，有什么解不开的矛盾呢？

还有四句是这样写的：

兄弟同居忍便安，莫因毫末起争端。

眼前生子又兄弟，留与儿孙作样看。

意思是说，兄弟住在一起，难免会因小事产生摩擦，稍稍忍让一下也就过去了，何必非争一个谁是谁非呢？孩子如看到上一辈兄弟之间整天吵架，自然会觉得兄弟情不过如此，他们以后是不是也会起争端呢？换句话说，兄友弟恭不是一代人的事，也是下一代做人做事的样板。我们经常说，人在做，天在看。其实，人在做，后辈也在看。为了孩子，何不多存些温情，多存些体统呢？

《袁氏世范》之“教子”

孩子是家庭的希望，教子也就成了家训的重头戏。《颜氏家训》讲教子，《袁氏世范》也讲教子。只不过，颜之推心目中的子弟，还是世家大族的“后备军”，而袁采心目中的子弟，则是普通百姓的子弟。如此说来，可能《袁氏世范》中的教子观，于今天的我们而言借鉴意义更大一些。

父母爱子勿宠溺

“教子有方，爱子有度”可能是我们对于教子的共识，问题是，“方”和“度”究竟应该如何把握？袁采也曾经试着解决这个问题。

袁采说，在孩子非常小的时候，家里人几乎看不见他的丑，满眼都是他的美。此话一点儿不差。古往今来的父母，看见眼前那憨态可掬的小生命，谁人不喜，谁人不爱，谁人不愿摘下星星月亮送给他呢？爱过了，就容易放弃原则，比如小孩子哭闹是好的，小孩子发脾气也是好的，甚至小孩子打架打赢了也是好的，错的永远是别人。这样无度的爱会导致什么问题呢？孩子要么成为豪横的小霸王，要么成为小孱头。他们会懦弱到根本不敢正视自己的问题，不敢接受自己的短处。他们不敢真正走出家门，因为他们也知道外人不会惯着自己。他们对自己的父母会特别蛮横，因为他们知道父母会容忍他们发脾气。这不就是我们日常所谓的“窝里横”吗？这样的孩子多么可怜！如果不想让孩子“长歪”，家长到底应该怎么做呢？

袁采指出，父母第一个要明白的道理就是“子幼必待以严，子壮无薄其爱”。

孩子小的时候，一定要严格教育。孩子长大之后，也不要减少对他的关爱。做父母的，一定要有坚定的是非原则。同样的错，不论孩子多大，都应该用同样的方式处理，而不是孩子5岁时犯错等闲视之，无动于衷，待孩子15岁时犯错却又过分苛责，不肯体恤。小孩子心性未定，正是学规矩的时候，所以父母虽然要爱孩子，却也要严格要求孩子，帮他养成良好的生活习惯和行为习惯，这就是“子幼必待以严”。孩子大了，按道理该懂事、不让父母操心了，但是父母要意识到，他无论多大都是自己的孩子，有什么不能包容、不能体谅的呢？这就是“子壮无薄其爱”。把这两个原则加在一起，其实就是“教子有方，爱子有度”。

给每个孩子均等的爱

现在大家都非常关注二孩、三孩的问题，这个问题在古代其实更普遍。古代中国，大多数家庭都有若干个孩子，那么古人是如何在孩子之间搞平衡的呢？袁采认为，有两个字非常重要，那就是“平均”。十个手指头有长有短，何况孩子，肯定有男有女、有巧有拙。袁采说，小一点儿的孩子通常更受宠，因为他们还处于人见人爱的阶段。大一点儿的孩子不但不再需要过于精心的照顾，而且也开始淘气了。这么一比较，小儿子或者小女儿往往看上去更可爱，而年龄稍大的孩子则比较容易被忽视。在这种情况下，家长需要时刻提醒自己注意“平均”。

《红楼梦》中的老太君贾母有两个儿子，大儿子叫贾赦，小儿子叫贾政。贾赦是长子，袭了爵位。按理说老太太应该跟长子过日子，可是她偏偏喜欢小儿子，所以跟着贾政生活。聪明能干的王熙凤明明是贾赦的儿媳妇，但贾母喜欢贾政，又喜欢王熙凤，便让她到贾政家管家。老太太偏心，所以两个儿子就有了矛盾。有一次，贾府中秋节联欢，贾赦就借着节日说笑话，给母亲提意见。他说，有一家的老太太生病了，家里便请了一个医婆来。医婆不明医理，看老太太心口疼，就说有心火，要用针灸来治。老太太的儿子赶紧说，心见铁则死，怎么能扎心呢？医婆说，没事没事，我不扎心，只扎肋条。儿子更困惑了，就问道，既然母亲有心火，为什么要扎肋条呢？医婆说，你不知道吗？天下父母偏心的多，心都偏到肋条这里了。明眼人一看就知道，这贾赦哪里是讲笑话，分明是借题发挥，专说给贾母听的。

这还不算。贾政这一代，父母偏心的问题依然存在。贾宝玉不仅是嫡子，而且长得可人，面如中秋之月、色如春晓之花。而贾环呢？他是贾政的小妾所生，是庶子，又长得獐头鼠目，十分猥琐。所以，长辈们都更偏爱贾宝玉。有一天，贾宝玉到母亲王夫人那里撒娇，王夫人摸着宝玉的头，一声儿一声肉地叫他。当时，贾环正在王夫人处抄经，看到了这番情景，觉得非常郁闷。于是，他假装失手推倒了油灯，灯油洒在贾宝玉脸上，并烫出了一脸泡。这是《红楼梦》里很有名的一个情节，可让我们看到父母"爱得不均"所产生的问题。

曾有新闻报道，二孩政策放开以后，一个孩子对妈妈说："你要敢生，我就敢死。"这当然是比较极端的例子。怎样面对孩子的心理失衡呢？从父母的角度来说，一方面，要让孩子知道，生几个孩子是父母的选择，也是父母的自由，不应该绑架父母；另一方面，要时时提醒自己，孩子之所以表现得这样激烈，归根结底还是怕失去父母的爱，所以要珍视孩子的这份感情，尽量做到均衡地爱。父母爱得均衡，孩子才能成为真正的伙伴，家庭才能真正成为幸福的堡垒。

其实，袁采的过人之处不止如此。他除了提醒父母对待年龄大的孩子与年龄小的孩子要均一，还提到要平等地对待男孩与女孩。他说，大多数父母都爱儿子而不爱女儿，认为女儿没有用，可是到最后很多人要依靠女儿生活。既然如此，怎么能轻易地说女儿没用呢？所以，不要一开始就轻视女儿。当然，袁采的说法还打着时代的烙印，有比较功利的色彩。但是，在那个时代，这样的思想可谓非常先进。这样的观念让我们今天的人也觉得非常容易接受。袁采仿佛就是我们在日常生活中可能碰到的那一类长者，温而厉，威而不猛，恭而安。

四种方式有助于教子

所谓“教子有方”，其实“方”最难拿捏。一直以来，我们都在寻求教育孩子的正确方式，袁采也提出了自己的理解。

第一，教子应示之以均一。以《红楼梦》为例，贾府“三艳”——迎春、探春、惜春出场时，三个人的穿着一样，这就是均一。贾府是诗礼簪缨的人家，虽然有钱，却不让孩子随便挑自己喜欢的衣服穿，因为她们年纪小、心智未成，如果一味争奇斗艳，难免会伤了姐妹和气，所以不如“均一”，都穿得一样。这就是贾家的风范。均一的益处是什么？就是能教会孩子“不争”，安分随时。

第二，教子应以规矩为先。中国是个讲礼的国度。一个家庭之中，讲礼最重要的就是要长幼有序。还以贾府为例。贾宝玉十分受宠，是整个贾府的宝贝，而贾迎春虽是宝玉的堂姐，却是庶出，而且为人木讷，人称“二木头”，一点儿都不得宠。尽管如此，只要迎春来了，贾宝玉也必须起身迎接，这就是规矩。同样，探春、惜春、贾环见到宝玉时，也得站起来，因为宝玉是他们的哥哥。这种规矩非常严格，它只考虑长幼这一基本秩序，而不考虑贤愚美丑这些个人资质。这个原则非常重要。人都会走出家庭，走向社会。在社会上，人的地位有高有低，但是这种高低贵贱不能带进家庭。家庭之中只有长幼秩序，而不存在官职的高低、名气的大小、财产的多寡。这正是我们中国家教的温厚之处。

第三，教子应教辨别是非。孩子再小也应该有是非观念，这种观念不是天生的，而是父母教育的结果。绝不应当因为孩子小，就不计较是非曲直，而是要防微杜渐，防患未然。我们中国有“小时偷针，大时偷金”的民间谚语，说的正是孩子从小不辨是非造成的恶果。如果在孩子的价值观不稳固的时候疏于管教，那么孩子就可能三观不正，无法成为一个合格的社会人。

第四，身教重于言教。我们常说，从一个家庭走出来的孩子总会带着这个家庭的风范，这就是父母身教的结果。言教只能让孩子理解，身教才能让孩子笃行。孩子都是看着父母的背影长大的，所以教子最好的方式不是别的，恰恰是做最好的自己。一个人活出了自己满意的样子，孩子也就找到了成长的模板。俗话说，“娶媳妇先看丈母娘”，讲的不正是身教对人的影响嘛！

两耳要闻窗外事

孩子逐渐长大，只有家庭教育显然不够。那么，当孩子进了学校之后，家教又该做点什么呢？

在我们中国，一旦孩子开始上学读书，家长就倾向于让孩子把注意力全部放在读书上。比如，孩子在学校要读书，回家后还得读书；学校教孩子什么，家长再变本加厉地教一番。这其实并不是当下中国才有的现象。

家长特别重视孩子的文化教育是从什么时候开始的？恰恰是从袁采所处的时代开始的。之前，有文化的家长，比如颜之推，当然重视子弟的教育，但是普通百姓并不重视。因为那个时候士庶天隔，当官的永远当官，老百姓永远是老百姓。作为老百姓的子弟，跟着父母干活就够了，没有必要特别重视学习。但是后来中国社会出现了巨大的变化。从隋朝开始，科举制逐步得到推行，只要考中科举，任何人都有做官的资格。到了宋朝，科举制已经非常深入人心，我们耳熟能详的"书中自有黄金屋""书中自有千钟粟""书中自有颜如玉"，都是宋真宗提出来的。通俗点说，人只要勤读书，会读书，那就能赢得一切。

可是，就是在这种全民读书、全民考科举的热潮下，袁采提出了一个特别重要也特别不同寻常的理念："命有穷达，性有昏明，不可责其必到。"他认为，有的人适合读书，有的人不是特别适合读书，所以不是所有人在读书上都能达到一样的境界，父母要接受这一点。

那么，接受之后，是否还要让孩子读书呢？当然要。袁采给出的一个很有趣的理由就是，如果孩子整天读书，就没有工夫做坏事。这个说法不是像"修身，齐家，治国，平天下"一样的大道理，它非常接地气。不是所有孩子读书都能考中进士，但孩子若去读书就没有时间捣乱了。袁采认为，世上没有哪一本书是教人作恶的，书上所写的都是真善美。既然如此，孩子若去读书，不仅没时间作恶，甚至没心思作恶了，这不就是读书最基本的好处嘛！

袁采号召读书，第二个理由是读书能让人交到好朋友。在一起赌博的孩子会学坏，在一起打架的孩子也会学坏，唯独在一起读书的孩子不会学坏，因为书的内容是好的，大家在一起切磋琢磨的方法也是好的。古人讲：“独学而无友，则孤陋而寡闻。”一起读书的少年会成长为志同道合的朋友，这样的友谊甚至会让人受益终身，这不正是读书最美的收获吗？

可是，既然读书这么好，为什么古代会出现范进那样疯疯癫癫的读书人，现在会出现好多不通人情世故的大学生呢？对此，袁采有一个很高明的见解。

袁采说，孩子要读书，但是也必须跟外界保持必要的联系，否则就会无所见闻，朴野蠢鄙，不近人情。中国古人为了让人专心读书，曾经有比较极端的说法，比如“两耳不闻窗外事，一心只读圣贤书”。西汉大儒董仲舒，少年时为了读书“三年不窥园”。这样做对不对呢？其实并不完全正确。我们读书为了什么？无非是认识世界，改造世界。换句话说，人读书不是为了过去，而是为了现在和未来。既然如此，为什么要闭目塞听，把自己隔绝在现实世界之外呢？袁采主张两耳要闻窗外事，在他之后几百年，明朝大儒顾宪成在无锡的东林书院题写了一副对联：“风声雨声读书声声声入耳，家事国事天下事事事关心。”这才是读书应有的态度，也是家长教育子女应有的态度。

无论家境如何都要有职业

作为一个宋朝人，袁采还提出一个特别重要的建议——人一定要有职业，“人之有子，须使有业”。生活在魏晋南北朝的高门大族可能鄙薄职业，会认为这太不清高。但是，宋朝已经是一个主要由平民构成的社会，这个社会容不下太多不劳而获的人。袁采说，一个富贵的人如果有职业，就不至于无所事事，为非作歹；一个贫穷的人如果有职业，就可以自食其力，免于饥寒。对于一个古代士人而言，这真是一个通达的看法。

还以《红楼梦》为例。“呆霸王”薛蟠就是无事生非的典型代表。薛家是户部挂名的皇商，本是常有生意要处理的。薛蟠的父亲死得早，又只有薛蟠这一根独苗，薛姨妈就舍不得让他做事。这样一来，薛蟠名义上虽然是商人，其实连秤上的准星都找不着，货物价钱、路程远近更是一概不知。他有钱有势，精力又无处发泄，怎么办呢？薛蟠整天就喝酒打架，欺男霸女，干了很多坏事。他的母亲薛姨妈为此也一再伤心落泪。这怪谁呢？追究起来，责任还在于他的父母没让他做正经事。

中国古人讲，“不孝有三，无后为大。”除了无后，另两点是什么呢？第一点是说父母做坏事，孩子不劝谏父母。第二点是“家贫亲老，不为禄仕”，意思是说，家里本来就穷，父母也已经年老，孩子却不能供养父母。养家糊口是成年人的基本责任，未能尽到这个责任就是不孝。

那么，到底应该找一份什么样的工作呢？袁采的观点非常通达。他说：“凡可以养生而不至于辱先者，皆可为也。”意思是说，只要可以养家糊口而又不至于辱没祖先的，都可以选择。很明显，袁采虽然是进士出身，又是官员，但他并不认为人人都必须走读书做官的道路。中国古代是四民社会，无论士农工商，只要能够谋生，都是可以的。

不过，虽然什么职业都可以选择，但袁采也给出了一个底线，那就是不能辱先。什么算辱先呢？袁采说，人不能当乞丐，不能当窃贼。什么叫乞丐？直接跟人要钱、要粮食固然是乞丐，但乞丐的意义又不止于此。看到有钱的人或者有权的人，就拼命巴结，捞取资源，也是乞丐行为。什么叫窃贼？直接从别人口袋里偷钱的人是窃贼，贪污受贿、中饱私囊的人也是窃贼。这些行为都是辱没祖先的行为，辱没祖先的人令人不齿。袁采生活在八百多年前，但是他的观念超越了他的时代。时至今日，我们仍然愿意读《袁氏世范》，因为这里面有温暖的建议，也有刚硬的原则。

勤俭守己：《朱子治家格言》

《朱子治家格言》的作者朱用纯，号柏庐，明末清初人。他父亲是一位抗清义士，后来被杀害。“柏庐”源于魏晋时期大孝子王裒泣墓的故事。王裒因父亲被司马昭所杀，所以一生不肯做官。据说，王裒在其父坟墓的旁边筑屋而居，每日早晚至墓前跪拜，且攀住柏树痛哭，柏树后来都为之枯死。朱用纯的父亲也死于国难，所以他立志效法王裒，不做清朝的官员，而且给自己起号“柏庐”以明志。

古代读书人的正途就是做官，朱柏庐不做官，何以为生呢？他像孔子一样，一生都在教书育人。朱柏庐提倡

朱用纯画像，出自叶衍兰、叶恭绰祖孙共同编写的《清代学者像传》

程朱理学，更主张躬行实践。理学家认为，齐家和治国、平天下是一个道理。朱柏庐没有治国、平天下的机会，于是就把目光投向了家庭。他写出了家教名篇《朱子治家格言》，以此寄托自己齐家治国平天下的情怀。

《朱熹家训》与《朱子治家格言》的区别

《朱子治家格言》也叫《朱柏庐治家格言》和《朱子家训》。大家知道，南宋大儒朱熹也写过家训，名为《朱熹家训》，也称为《朱子家训》。《朱子治家格言》500多字，《朱熹家训》300多字，都属于简洁明快的“大家小书”。那么，二者有什么不同呢?

一个很重要的区别就是，两位作者的身份不同，因此看问题的着眼点不同。朱熹是一位官员，还曾经给皇帝讲学，这样一来，他面对家庭时仍心忧天下。所以，朱熹的《朱子家训》不从生活入手，而是先从不同身份的人所应秉持的德行讲起。《朱熹家训》开篇有云：“君之所贵者，仁也；臣之所贵者，忠也；父之所贵者，慈也；子之所贵者，孝也；兄之所贵者，友也；弟之所贵者，恭也。”每个人按照自己的身份，坚守自己的德行，这是

《朱熹家训》的着眼点。

朱柏庐是民间人士，一辈子没有做过官。与朱熹相比，他更关心日常生活，关心小家庭的日常运作。所以他一开始便讲“黎明即起，洒扫庭除”，随即又讲“一粥一饭，当思来处不易；半丝半缕，恒念物力维艰”。打扫院子也好，穿衣吃饭也罢，这都是老百姓日常生活的起点，当然也是家训、家教的起点。只有从一粥一饭入手，解决老百姓关心的家务繁难，才能真正走到普通人的心里，让人从生活的点点滴滴中体悟为人处世、修身齐家的道理。

从今天的实际情况看，虽然朱熹在思想领域的影响力远远大于朱柏庐，但朱柏庐《朱子治家格言》的影响力远远大于《朱熹家训》。大概对于一般百姓而言，还是更接地气的教育方式更能入脑入心吧。

勤谨是居家第一要务

《朱子治家格言》第一句话就非常有启发性，“黎明即起，洒扫庭除，要内外整洁”。我们今天的人很少把整理内务看得如此重要。现代人的生活节奏很快，“夜猫子”日渐增多，“黎明即起”也就成了苦差事。另外，大多数人已经住进楼房，庭院早已成为奢侈品，不复存在。至于居民小区的环境卫生，自有物业人员管理，和居民关系不大。事实上，就算在自己小小的卧房里，因为如今的卧具和古代已经有了很大的差别，很多人都是钻进被子就睡觉，起床之后稍加整理就走人，连叠被子这一步都免了。这种改变让我们很难理解，朱柏庐为什么要把“黎明即起，洒扫庭除”放在如此重要的位置。

事实上，不单是朱柏庐，中国古人对早起都很看重。南北朝时期，梁朝萧绎在《纂要》里写道：“一年之计在于春，一日之计在于晨。”《红楼梦》里，管家娘子林之孝家的到贾宝玉的怡红院查夜，还特别叮嘱说：“该早些睡，明儿起的方早。不然到了明日起迟了，人笑话说不是个读书上学的公子了，倒像那起挑脚汉了。”为什么古人如此重视早起呢？那是因为当时的照明条件远远不像现在这样发达，所以古人都是日出而作、日落而息。既然太阳下山就要休息，那么越早起床就越能借助天光，多干点活儿，多读点书，这也是勤勉的意思。俗话说“一勤天下无难事”，人人都勤快努力，家业怎能不兴旺呢？

至于为什么要“洒扫庭除”，我们都知道这样一句话——“一屋不扫，何以扫天下！”打扫对中国人而言，有两重含义。第一重含义就是清扫庭院，让家庭整洁，从而让家人生出秩序感和希望感；第二重含义，则是扫除心灵上的垃圾。一个人从小就学习“洒扫庭除”，那么他写文章的时候，也一定会删除丛生的枝蔓，让文章清楚明白。他回味自己一天所作所为的时候，也一定会告诉自己，哪些对，哪些错，哪些该坚持，哪些该避免。现代的研究告诉我们，电脑桌面干净整齐的人，会比一般人更严谨、更高效，这也是“洒扫庭除”的结果。这样看来，朱柏庐把“黎明即起，洒扫庭除”放在第一位，其实也就是把“勤”和“谨”放在了第一位，这两个做事原则恰恰是一个家庭兴旺发达的根基。

提倡生活俭约、雅致

中国古代讲究勤俭持家。“勤”是开源，“俭”则是节流。开源和节流必须同时进行，缺一不可。

朱柏庐提倡生活要俭约，他说：“器具质而洁，瓦缶胜金玉；饭食约而精，园蔬愈珍馐。”器具可以简陋，但要整洁，如果能做到这一点，那么瓦盆就比金玉还宝贵；

饭食可以简单，却要精致，如果能做到这一点，那么刚从菜园子里摘的青菜也胜过珍馐美味。

这句话在今天也有意义。中国古代特别提倡俭德，例如，大名鼎鼎的蜀相诸葛亮曾说过“静以修身，俭以养德”。人对生活要求低，就不会有那么多物欲，就不贪婪。而贪婪，恰恰是大多祸害的源头。贪名的，被名所累；贪权的，被权所累；贪钱的，被钱所累。既然贪婪是祸患，那不如约束自己的欲望，做一个简约的人。但是，简约并不意味着粗陋。

春秋时期，孔子说“食不厌精，脍不厌细”，这其实代表了当时人对精致的追求。朱柏庐提倡俭朴，反对浪费，反对奢靡，但他并不主张粗略，相反他心仪的是简约而雅致的生活。这就是所谓的“器具质而洁，饭食约而精”。俭朴之中蕴含着高雅的精神追求。俭而不陋，这才是朱柏庐的理想生活。

追求“礼”而不是“仪”

朱柏庐不仅关注活着的人，也关注逝去的人。他说：“祖宗虽远，祭祀不可不诚。”当代人宗族观念淡薄，可能很难理解，祭祖真的有那么重要的意义吗？

中国人为什么如此重视祭祀？其实这是一个慎终追远的话题。现代人往往觉得祭祀只是烧纸、摆贡、上香等一系列过程，其实这些只是祭祀的形式，而不是祭祀的灵魂。汉语之中有一个词叫“礼仪”，指的是礼节和仪式。虽然礼往往要通过仪来表达，但礼和仪终究还是有区别的。礼注重的是本质，而仪注重的是形式。从这两个不同的角度来看祭祖这件事，我们就会意识到，摆贡、上香只是祭祖时用的仪式，这种仪式随着时代的变迁不断变化，古代也许只能烧纸，如今还可以献花。但是无论采取哪种形式，有一个本质不会改变，那就是我们对祖宗的缅怀。缅怀什么呢？缅怀祖宗开启了这个家族，延续了这个家族。中国人认为，每个人都是家族链条中的一个环节，向上衔接祖宗，向下衔接子孙。这样看来，祭祖也是对祖宗的一种承诺，这个链条到“我”这里还没有断，“我”还会把它延续下去。这是一个很重要的内容。

祭祖还有一个意思，那就是“慎终追远，民德归厚”。祭祖的时候，人总要想想自己是从哪儿来的，想想祖先是多么不容易才挣下这份家业，也会想想祖先经常说的“老话”、讲的故事，想到这些就会自然而然产生不要辱没先人的念头，而且也想为后世子孙再拼一把。这就是**“慎终追远，民德归厚”**。面对祖先，既有敬畏心，又有向上心，人就容易做好事，不做坏事。

现代生活已经和古代有很大的差别，但是如果我们不那么计较“仪”，而是更关注“礼”，就会发现，我们仍然在很多地方和祖先心意相通。

教子要有义方

“教子要有义方”，这是传统家训的通则。不仅《朱子治家格言》郑重地提了出来，后世的蒙学读物《三字经》中也有类似表达。例如**“窦燕山，有义方。教五子，名俱扬”**。那么，到底什么才是“义方”呢？看看窦燕山的故事就能大体明白。

五代的时候，有一个叫窦禹钧的人，住在燕山旁边（今天津市蓟州区附近）。窦禹钧是一个大善人。他家的一个用人偷了两万文钱，没脸见主人，于是就把12岁的女儿留下，自己跑了，等于用女儿抵债。窦禹钧把小女孩当成自己的女儿抚养大。这个女孩出嫁时，窦禹钧陪送的钱跟她爸爸当年偷的钱数额相等。这当然是一件很讲道义的事。

有一年，窦禹钧去拜佛，在寺中大雄宝殿的跪拜垫旁，拾到了白银二百两、黄金三十两。他想一定是其他香客遗失的，就在寺中等候失主。等了半天，他果然看到一个人哭哭啼啼，正在四下寻找。窦禹钧问他何故哭泣，那人说："我父亲被绑匪掳去，我向亲朋好友东借西凑，好不容易才筹到白银二百两、黄金三十两，准备拿这笔钱赎回我父亲。为了保佑父亲平安，我还特地到这庙里来烧香。谁知我刚才一摸钱袋，黄金、白银都没有了，这不是要我父亲的命嘛！我刚才虔诚拜佛，难道佛祖竟然不保佑好人？"窦禹钧知道这人确实是失主，就将黄金、白银如数归还，还额外赠他一笔路费，失主欢天喜地道谢而去。这当然也是"义"。

古人说，"义者宜也"。所谓义，就是做你该做的事。这样的要求看起来简单，真正践行起来却不容易。窦禹钧一生之中做了很多这样的好事。他的五个儿子也非常争气，都考中了进士，这在当时号称"五子登科"。

可能有人会说，窦禹钧做好事跟他儿子考中进士之间有什么关系呢？当然有关系。这关系并不是所谓的善有善报，而是他让儿子看到了榜样。榜样的力量是无穷的，父亲乐善好施是做自己该做的事，儿子努力读书也是做自己该做的事。父子都秉持“义”的原则，就有了“窦燕山，有义方。教五子，名俱扬”的美好结局。固然，并不是每一个“义人”都能像窦燕山这样圆满，但“教子以义方”仍然是最重要的教子原则。再坏的人也希望孩子学好，既然如此，不教孩子义，难道要教孩子不义吗？

不能赢了官司却伤了和气

《朱子治家格言》讲的都是兴家立业之道。而兴家立业，有一个很重要的前提，就是家内要和气，不要纷争。朱柏庐说：“居家戒争讼，讼则终凶。”居家过日子，无论有什么矛盾，都尽可能不要走到打官司这一步，如果家人之间打了官司，那么最后的结局一定不是吉而是凶。为什么这样说呢？因为即使你打赢了官司，也伤了和气，而和气才是一个家庭最大的财富。所以家庭内部的诉讼无论如何都是输，而且还输得很惨。

朱柏庐的这个提醒在今天看来尤其重要。如今因为房产价格的飙升，我们经常看到争家产的官司。比如，老人留下一套房子，兄弟姐妹感觉分配不公，最后干脆对簿公堂，到法院去解决。当然，既然走了司法程序，肯定会有赢的一方，但是这样的官司打下来，兄弟姐妹之间的感情也就淡漠了不少，甚至反目成仇。从同气连枝到势同水火，这是多么令人痛心的事啊！

俗话说“打仗亲兄弟，上阵父子兵”，兄弟之间本来是背靠背的关系，最应该心无芥蒂，就算小有纠纷，也应该在家内解决。一旦动用了公权力，其实就意味着撕破了亲人之间那层温情脉脉的面纱，打破了内外有别的原则。从此以后，自家人也就变成了外人。最应该信赖、最可以信赖的人都不再可靠，人还能相信谁呢？一旦信任出现了危机，还有什么能代替它呢？这就是“讼则终凶”的真正内涵，我们的内心世界可能因此就垮塌了。这还不应该让我们三思吗？

女性是传承家风的重要力量

在中国古代，父亲可能是家训的制定者，但母亲是一个家庭最重要的执行官。如何解读女性在家庭中的位置呢？这是一个有趣的话题。

令人遗憾的是，古代的家训不常提到女性，即便提到女性也往往带有贬义。比如，《朱子治家格言》中说："听妇言，乖骨肉，岂是丈夫。"意思是说，听媳妇的话而疏远了兄弟，这难道是大丈夫所为吗？这当然是让当代人特别是当代妇女难以接受的说法。但是如果我们反过来想一下就会发现，朱柏庐这样说不是恰恰证明了女性在家庭内部影响力巨大嘛！

我们中国人都知道历史上鼎鼎有名的四大贤母的故事，即孟母三迁、陶母截发、欧母画荻、岳母刺字。伟大的母亲会成就伟大的儿子，这是古人都不否认的事实。人们早就认识到，妇女在家庭中的作用可不仅仅是"主中馈"和"广后嗣"，除了做饭、缝衣、生孩子，妇女还是丈夫最重要的帮手，也是孩子最初的教导者。因此，好多针对女性的教育著作，比如《女诫》《女儿经》就致力于培养贤妻良母，以让女性为父系家庭贡献力量。

可能有人会说，这仍然是歧视妇女呀！我们当然不能指望古人都有"男女平权"的思想，但是在时代许可的范围内发挥自己的最大价值，本身就是女性柔韧的力量。一直以来，女性在有限的空间内腾挪伸展，长养着自己的本领。

如今，女性的地位发生了翻天覆地的变化，女性的一只脚已经踏进社会，走出了属于自己的广阔天地，但女性的另一只脚仍深深地扎根在家庭。目前，中国女性负担的家务劳动远多于男性，承担的家庭责任也远多于男性。换言之，女性传统的家庭职能——相夫教子、养老育幼并没有减弱，与此同时她们还承担了越来越多的社会职能。习近平总书记指出，要注重发挥妇女在社会生活和家庭生活中的独特作用。责任的增加需要女性增长更多的本领。其中，中国古代的家风家训文化，也是当代女性可以获得的文化滋养之一。

那么，当代女性到底应该怎样看待传统的家教文化呢？有一个最重要的建议就是“好读书，不求甚解”。“好读书”意味着能看到更多的家教、家训，了解更多的古人言行，让自己的心灵和头脑都获得充分的养料。“不求甚解”则意味着不要咬文嚼字、盲目相信古人，而是要批判地吸收古人智慧。

就拿《朱子治家格言》来说吧，其中有那么多放之四海而皆准的格言警句，但也有“听妇言，乖骨肉，岂是丈夫”这样过时的论调。如果太执着于这样的字句，那就是钻牛角尖，反倒学偏了。要知道，古往今来，社会条件已经发生了巨大变化，人们的观念也会随之变化。古人的有些见解过时了，但也有一些见解，具有跨越时空的价值，即使今天读来，仍然发人深省。读书使人进步，只有多多读书，才能增长更多的阅历和见识，明白更多的道理。然后呢？再对书籍进行通达的理解，取其精华，弃其糟粕，知行合一，以身作则，让自己获得家庭和事业的双丰收。

去芜存菁：《弟子规》

关于《弟子规》的价值，一直存在颇多争议。一些人认为《弟子规》作为启蒙读物非常好，不仅可以教育子弟，还可以教育员工，让他们建立规矩，行稳致远。也有一部分人认为《弟子规》的观念古老、陈旧，并不适应时代发展，现在的孩子读了反倒不好。那么，到底应该怎样看待这本书呢?

《弟子规》很“年轻”

在家教典籍序列中，《弟子规》其实相当“年轻”。它的作者李毓秀是清朝康熙年间的一位秀才。而且，这本书流传开来的时间更靠后，直到清末同治年间，它才广为人知。所以，这是一本相当“年轻”的书，绝对不古老。

可是，正因为它很“年轻”，人们才格外觉得它落伍。因为在《弟子规》流行的时代，西方近代儿童教育理念已经出现了。现代的儿童教育主张以儿童为主体，用孩子的视角来观察世界，思考人生。换言之，孩子并不是一个小大人。而《弟子规》呢？恰恰沿袭古代的传统理念，认为孩子是见习阶段的成年人，要向成人社会靠拢。这样两种截然不同的话语体系对孩子的期待是不一样的。

现在，人们认为孩子要发挥自己的活泼天性，要有独立的思考能力，要有不同于大人的表达方式。比如，今天的孩子学绘画，可能是学习“儿童画”，并不需要时时刻刻模仿大人。但是，古代的孩子学写字、绘画一定要从描红、临摹开始，亦步亦趋地模仿大人。两相对照，我们能看到明显的时代区别和观念差异。而《弟子规》呢？它出现在一个较新的时代，但有着老派的思维。这就让它的地位有点尴尬，它既不属于经典，又未能开出新局。这是它的一个问题。

《弟子规》并非专门针对儿童而写

还有一个问题。李毓秀写《弟子规》的时候，并不是针对儿童教育而写的。确切说来，他的预期读者跟《袁氏世范》一样，是普通百姓。这样一来，我们就会发现，书中的很多内容，孩子不见得一下子就能接受，而成年人则会觉得很容易理解。比如，“奸巧语，秽污词。市井气，切戒之”，孩子恐怕不太容易懂得什么是市井气吧？但是成年人很容易联想到自己身边那些市井气息较重的人。如此说来，这本书与其说适合孩子读，不如说更适合普通成年人来做基本的人生参考。

大人和孩子都可以学《弟子规》

尽管如此，我还是要说，虽然《弟子规》有种种问题，小孩子并非不能读《弟子规》，只是大人要为他讲清其中的道理。举一个简单的例子，《弟子规》说“晨必盥，兼漱口。便溺回，辄净手”，这难道不是小孩子最应该养成的行为习惯吗？文字朗朗上口，内容简洁明快，非常适合儿童教育。

除了生活习惯之外，《弟子规》也讲了很多为人处世的道理。比如：“人不闲，勿事搅。人不安，勿话扰。”别人如果忙着的时候，千万别拿自己的事去打扰。别人如果心神不宁，也千万别跟人家闲聊。这真是一个大人小孩都要懂得的道理。我们在职场上常常会遇到这样没有眼色的人，你本来非常忙，他却偏偏拿一件不相干的事来麻烦你，或者你本来在等一个非常重要的电话，他却偏偏要跟你聊不相干的内容。这样的行为很容易招致别人的反感。小孩子又何尝不是如此呢？大人忙的时候，或者想事情的时候，最怕的就是孩子捣乱。

既然人的一生都可能遇到这样的困扰，那我们不妨提前给孩子打预防针：“人不闲，勿事搅。人不安，勿话扰。”小孩子并不是生活在真空里，也需要看懂眉眼高低，不给别人制造麻烦，这正是做人应有的修为。

《弟子规》也有助于帮人建立良好的心态。比如：“衣贵洁，不贵华。上循分，下称家。”小孩子身处一个发展不太平衡的世界，很容易注意到贫和富的差异，并且容易产生攀比心，不体谅大人的艰难。《弟子规》告诉人们，服装的可贵之处在于整洁，而不在于奢华。那么，怎么区分适当和奢华呢？《弟子规》给了两条很重要的评判标准，即“上循分，下称家”。所谓“上循分”，是指穿着打扮要符合自己的身份。本来是一个很普通的“小白领”，非要买一个名牌包包，这就不符合自己的身份，过度奢华了。所谓“下称家”，是指穿着打扮要符合自己的家庭条件。这一条，就跟孩子直接相关了。孩子还没有特定的社会身份，怎样穿着打扮才是合理的呢？那就要看家世背景了。如果父母收入很高，那么孩子吃穿用度好一点儿并不为过。如果父母还在艰苦谋生，那么孩子非要穿名牌就不合理。相反，一个人虽然衣着简朴却绝不邋遢，那他一定是自尊自重的人。这样的人就算暂时困窘，人们也并不会轻视他，相反还会对他生出钦佩之情。这不就是小孩子也应该懂的道理嘛！

《弟子规》的基本框架来自《论语》

除了这些为人处世的道理，《弟子规》还有一个好处，它并不是李毓秀凭空编撰的，它的基本框架来自《论语》。《论语·学而篇》第六条云：“弟子入则孝，出则悌，谨而信，泛爱众，而亲仁。行有余力，则以学文。”

《弟子规》依托这一框架分为入则孝、出则悌、谨、信、泛爱众、亲仁、余力学文七部分，前六部分属于道德修养，最后一部分属于知识修养。这是一个非常合理的教育体系。《弟子规》从家庭伦理入手，讲“入则孝”，劝导子弟敬爱家长；再推及社会伦理，讲“出则悌”，劝导子弟敬重尊长；再推及人生修养，讲“谨慎”、讲“守信”、讲“爱众”、讲“亲仁”，让子弟养成自尊自重，而又爱众亲仁的人格；最后又谈到学问养成，讲“有余力则学文”，让子弟通过不断学习来提升修养。这真是一个严整的逻辑，既反映了道德教育优先于学问教育这一中国教育的优良传统，也反映了中国家教以学做人为基本宗旨的鲜明特色。

学古而不泥古

有人说，《弟子规》篇幅并不长，却用了43个“勿”字，难免显得过于严苛，令人难以接受。怎么看待这个问题呢？我想，有两个角度可以考虑。

第一，它既然叫“弟子规”，那么它讲的就是规矩，和我们今天熟悉的“法规”“校规”一样，属于规章制度。而规章制度就难免有它强硬的一面。

例如，“对饮食，勿拣择。食适可，勿过则”，这里讲的，不就是不能浪费粮食、不能过量饮食吗？可能有人会说，我进了饭店就是消费者，难道我还不能说饭菜做得不好吃吗？在饭店追求消费体验，这样做当然是可以的。但是我们别忘了，《弟子规》教导的对象是子弟，也就是家里的晚辈。家可不是讲消费体验的地方，为人子弟就得有为人子弟的规矩。饭菜可口了要吃，饭菜没那么可口也要吃，而且饭菜可口也不宜多吃。这就是居家过日子的规矩。

《红楼梦》里，迎春的丫头司琪派下面的小丫头莲花到内厨房柳嫂子那里要鸡蛋羹，就遭到了柳嫂子一顿抢白：“你们深宅大院，水来伸手，饭来张口，只知鸡蛋是平常物件，那里知道外头买卖的行市呢。别说这个，有一年连草根子都没了的日子还有呢。我劝他们，细米白饭，每日肥鸡大鸭子，将就些儿也罢了。吃腻了膈，天天又闹起故事来了。鸡蛋、豆腐，又是什么面筋、酱萝卜炸儿，敢自倒换口味。”确实，我们现在日子越过越好，“每日肥鸡大鸭子”，仿佛可以“拣择”一下了，那为什么还要强调“对饮食，勿拣择”呢？人在任何情况下都要有底线思维，万一遇到柳嫂子所说的“连草根子都没了的日子”又该如何呢？所以说，“勿拣择”说的不仅是不挑食，也是一种“居安思危”的心态。

第二，面对古人的说法，我们不要仅仅关注文辞，更要关注精神实质，要有坚守、懂变通。

例如“入则孝”，怎样才叫“孝”呢？《弟子规》云：“亲有过，谏使更。怡吾色，柔吾声。谏不入，悦复谏。号泣随，挞无怨。”可能有人会说，这子弟的地位也太卑微了吧，这样的要求，现代人怎么能够做到呢？那么，我们到底应该怎样理解这几句话呢？

我们来看这样一个故事。

话说，李渊、李世民父子在太原起兵后，一路攻向长安。有一天，天降大雨，而且没完没了。这时，军粮供应也出了问题。而且，有人禀报说，后方有人作乱，突厥人乘虚而入。这真是“屋漏偏逢连夜雨，船迟又遇打头风”。这时，以李渊为首的一派就主张撤军，先保住老家、保住根据地，以后形势好转了再考虑发展。但是，以李世民为首的一派提出“气可鼓而不可泄”。李世民一派认为，现在将士们的心气儿都很足，这时候如果因为一点儿小小的障碍就打退堂鼓，人心就有可能散掉，日后再想出来就难了。

李世民在李渊面前又是摆事实，又是讲道理，可是李渊就是不听。怎么办呢？如果李世民不服从父亲的命令，非要自己往前走，就是搞分裂、大逆不道，日后别人也不会服从他。可是，如果任由父亲固执己见，李世民又怕遇到灭顶之灾。怎么办呢？

李世民采取的方法是跪在父亲的大帐之外号啕大哭。李世民一直哭到半夜，李渊终于坐不住了，出来问他："你为什么哭？"李世民说："我担心咱们如果明天拔营回去，可能再也出不来了。一想到我们的心血将化为乌有，我就忍不住伤心。"

其实，经过半夜的思考，李渊已经冷静下来了。他觉得儿子的建议有道理，但是又有点儿放不下架子。此刻看到儿子这么尊重他，不敢跟他当面顶撞，而是跪在他面前哀哀哭泣，李渊开始动摇了。就这样，李渊同意了李世民的建议，天明之后，继续向长安进军，最终拿下长安，建立了唐朝。

我为什么要讲这个故事呢？其实是想说，我们当代人有的时候未免太不会以退为进了，甚至失去了妥协的余地。其实，说起孝顺，虽然顺和孝连在一起，但孝是本质，而顺只是表现形式而已。换句话说，顺只是一种态度。很多时候，两代人之间争的不是对错，而只是态度。在这种情况下，做晚辈的主动“端正”一下态度，给了父辈面子，也就给双方找了一个合理的台阶。在这种情况下，长辈也会调整自己的态度，双方妥协的余地大了，和谐的余地也就大了，这不就是孝吗？这也是我们今天所追求的其乐融融。其乐融融需要智慧，也需要态度。

《袁氏世范》讲“下其气”，《弟子规》讲“怡吾色，柔吾声”，都是一个道理。这可以告诉我们什么呢？其实就是要抓住中华民族古往今来、一脉相承的精神实质。这个精神实质包括《弟子规》所倡导的孝、悌、谨、信等道德信条，也包括诗礼传家的精神传统；包括见义勇为的处事风范，包含我们这个民族五千年生生不息的信念和智慧。在坚守这样的信念之外，我们还有非常广阔的发展余地。这些发展体现了我们的现实生活，关注着我们的现实问题，也观照了我们的未来憧憬。

中华民族是一个古老而生生不息的民族。我们一直致力于找到一条有效地连接历史和未来的道路。我们不断地回头看，恰恰是为了更好地向前看。这回头看中，就包含着回望我们的家教文化。我们希望，古老的家教传统、传承有序的家训文化能帮助我们塑造良好家风。这家风既重视家庭价值，倡导家庭和谐，也充满家国情怀。

下篇*

「小学」与「大道」

* 此篇根据蒙曼老师2022年3月为北京市海淀区家长学校家庭教育大讲堂所讲“开学第一课”的录音整理而成，标题为编者所加。

“小学”是什么

我在这里所说的“小学”是什么？它不是现代教育体系中专门做基础教育的小学，也不是我国古代所谓的文字、音韵、训诂之学。这里的“小学”，是指宋代大儒朱熹提出的“小学”和“大学”分工层面上的小学。朱熹认为，人接受教育要分两步走，先上小学，再上大学。小学和大学的区别不仅仅在于年龄，更在于学习的内容。

朱熹的《大学章句序》有云：

> 人生八岁，则自王公以下，至于庶人之子弟，皆入小学，而教之以洒扫、应对、进退之

明代画家郭诩所绘《朱熹像》

节，礼乐、射御、书数之文；及其十有五年，则自天子之元子、众子，以至公、卿、大夫、元士之适子，与凡民之俊秀，皆入大学，而教之以穷理、正心、修己、治人之道。此又学校之教、大小之节所以分也。

意思是说，人接受教育应分为两个阶段。其中第一个阶段是小学，接受教育的时间是8～15岁这个年龄段。那么，小学阶段学什么呢？

学做人，学规矩

小学阶段学什么？首先学习“洒扫、应对、进退之节”。“洒扫”就是“洒扫庭除”，指的是基本的家务劳动，如收拾房间、打扫院子。“应对”是什么？应对是指言谈。人要不断地和其他人打交道，在待人接物的过程中，要好好说话。“进退”是什么？是指行为、举止。何时该进、何时该退，体现着一个人基本的教养。洒扫、应对、进退都是做人的学问，是一个人必须掌握的基本规矩。

除了学做人，还要学什么？还要学基础知识，这就是所谓的“礼乐、射御、书数之文”。注意，这里所讲的是“文”而不是“理”。为什么呢？朱熹认为，道理是更深刻的内容，需要慢慢去把握，但是小孩子即便不完全明白其中的道理，也应该先把文字背诵下来。

日常生活中，我们确实会发现，孩子读书的时候并不能完全理解所读内容。这个时候先行背诵可不可行呢？我认为，在差不多的情况下可行，如果差太多就不行。举个例子：一个3岁的孩子，让他背《孔雀东南飞》可行不可行？其实并没有必要。他不理解的东西太多了，即使背下来，也如同鹦鹉学舌，未必有那么大的意义，孩子还可能产生抵触情绪。那么，让他背《静夜思》可行不可行？这就是可行的了。虽然3岁的孩子也不大容易理解“举头望明月，低头思故乡”中那深沉的感慨，但是这几句诗是朗朗上口的，其中的月亮对他来说是可感知的，背诵起来不费力，理解起来也不太难，可让孩子背诵。毕竟，儿童阶段的记忆力好、感受力也强，这个时候记住的东西，可以受用一辈子。

小学阶段学规矩，学基础知识，那么大学阶段学什么？大学要学习“穷理、正心、修己、治人之道”。简单讲，大学要学的是道理，这道理可以表达为“穷理、正心、修己、治人之道”，也可以表达为“格物、致知、诚意、正心、修身、齐家、治国、平天下”八个条目。这样的道理，其实就是中国古人终身追求的境界，这个境界我们既要用一辈子去体悟，也要用一辈子去践行。

朱熹提出了从“小学”到“大学”的学习过程。接下来，我们再来看看中国古代社会是不是这样实践的。我们不妨从《红楼梦》中找找答案。

就以贾宝玉为例吧。贾宝玉的母亲王夫人曾经亲口说宝玉是家里的“混世魔王”，又说“他嘴里一时甜言蜜语，一时有天无日，一时又疯疯傻傻”。看到这样的评价，大家是不是以为宝玉真的既无法无天，又无知无识呢？其实并不是这样。

《红楼梦》第五十六回，贾家的老亲——江南甄家派了四个仆妇到贾府来送礼。闲聊的时候，仆妇们说，他们甄府也有一个宝玉，这个宝玉特别顽皮、特别任性，有很多稀奇古怪的毛病。贾母就客气道，我孙子也一样任性。正说着，贾宝玉来了，甄府的四个仆妇就拉着宝玉的手说长道短。宝玉也客客气气地跟她们应酬，言谈举止很是得体。甄府的仆妇就感慨道：您家的哥儿比我们家的宝玉脾气好多了，我们家的宝玉根本不让我们碰他，动不动就说我们糊涂。可是您家这位哥儿，我们拉着他说了半天的话，他也没有不耐烦。

那贾母是怎么说的呢？贾母说：

> 我们这会子也打发人去见了你们宝玉，若拉他的手，他也自然勉强忍耐一时。可知你我这样人家的孩子们，凭他们有什么刁钻古怪的毛病儿，见了外人，必是要还出正经礼数来的。若他不还正经礼数，也断不容他刁钻去了。就是大人溺爱的，是他一则生的得人意，二则见人礼数竟比大人行出来的不错，使人见了可爱可怜，背地里所以才纵他一点子。若一味他只管没里没外，不与大人争光，凭他生的怎样，也是该打死的。

看到没有？贾宝玉见到外人，礼数、规矩一点儿不会做错。这就是朱熹所说的“应对、进退之节”。宝玉也好，黛玉、宝钗也罢，当时这些贵族人家的公子、小姐都接受过这样的传统教育。那些进退的规矩、应对的礼节，他们早已内化于心，学到了骨子里，所以只要有需要，就会自然而然地表现出来。

正因为他们懂规矩，而且在该守规矩的时候能守规矩，大人才会偶尔纵容他们一点儿，让他们在家里捣捣乱、撒撒娇。如果他们在人前人后、家里家外都没有规矩，不给大人争光，长辈肯定会好好教育他们，断不容他们胡作非为。这就是当时贵族教养的严格之处，也是“小学”的现实表现。

学基础知识

规矩礼法是“小学”的第一个内容，“小学”的第二个内容则是基础知识。

还拿贾宝玉举例。不知道大家注意到没有，贾政批评贾宝玉的时候，用了一个很有趣的说法，说宝玉学了一些“精致的淘气”。什么叫精致的淘气？所谓精致的淘气，大概就是区别于“傻淘”。我们现在也会说，孩子整天胡打海摔是“傻淘”；相反，没事就鼓捣大人的手表、把手机的功能开发得淋漓尽致则是“精淘”。贾宝玉没有机械可拆，没有手机可玩，但是他没事时就吟诗作赋，而且在这方面比一般大人还有灵气，这就是“精致的淘气”。可能有人会说，这是我们求之不得的才情，怎么能叫淘气呢?当时的科举考八股文，不考诗词歌赋，贾宝玉不努力学八股，反倒寄情诗词，这不就是“淘气”吗?不过，尽管叱骂宝玉“淘气”，贾政也不得不承认，宝玉的淘气是很精致的，这种精致是需要底子的，不是谁都能做到的。

这个底子从哪儿来?“元妃省亲”那一回给了我们答案。贾元春被加封为贤德妃之后，皇上恩准她回家省亲。为此，贾府专门修建了一座大观园，准备到时候请元妃游幸。大观园有好多亭台楼阁，需要题写匾额对联。让谁来题呢?贾政有心让宝玉来写。为什么不请名家题写，倒让年纪小且不爱读书的宝玉写呢?贾政想让元妃知道，她教育宝玉读书的一番苦心没有白费。那么，元妃是怎么教育宝玉的呢?书里是这么讲的：

贾妃乃长姊，宝玉为弱弟，贾妃之心上念

清代画家改琦所绘元春

母年将迈，始得此弟，是以怜爱宝玉，与诸弟待之不同。且同随祖母，刻未暂离。那宝玉未入学堂之先，三四岁时，已得贾妃手引口传，教授了几本书、数千字在腹内了。

元春是长姐，宝玉是幼弟。长姐疼爱幼弟，疼爱的方式是什么？在贾宝玉三四岁的时候，元春已经手引口传，教他读了几本书，识了数千字了。这不就是朱熹“小学”中的“礼乐、射御、书数之文”嘛！有了这样的文化基础，贾宝玉才能有“精致的淘气”，才能成为我们眼中的翩翩公子。

所以，小学就是这样一个阶段。这个阶段可以包括现在从幼儿园到高中毕业的人生阶段，在这个阶段，孩子要重点学习的是规矩礼法和基础知识。这正是南宋的大教育家朱熹当年的理想。不过，我们现在虽然敬仰朱熹，但也不能完全照搬朱熹的理念。人类社会在进步，我们这个时代还得有我们专有的教育主题。

教育重在唤醒

除了让孩子学规矩、学知识之外，我们还有非常重要的事情要做。这件事就是唤醒。春天唤醒种子，它才能萌芽，生长。同样，教育唤醒孩子，他才能从一个一张白纸般的孩子长成一个德、智、体、美、劳全面发展的大人。

那么，具体要唤醒什么？我认为包含三方面内容。

唤醒孩子的心灵

所谓唤醒心灵，就是让一个人知美丑、识善恶、辨是非。有判别能力，懂得向善向美，这对一个孩子的成长特别重要。

我们都是唯物主义者，总觉得物质应该放在意识前面。既然如此，为什么要把唤醒心灵放在第一位呢？因为没有完整的心灵就不是完整的人。孟子说：“人之所以异于禽兽者几希。”人和禽兽都属于动物，科学研究表明，人和黑猩猩的基因相似度高达99%，这样的差别真可谓“几希”了。但是我们仍然觉得，人比猩猩高明多了。真正的差别究竟是什么呢？那就是人讲道义，有追求。大家都知道物理学家霍金的故事，他全身瘫痪，不能言语，只有三根手指可以活动，但是他有美好的心灵，不仅渴望为人类寻求美好的未来，也渴望为地球寻求美好的未来。正因如此，我们称他为一个伟大的科学家，一个伟大的人。但是，如果一个人没有美好的心灵，甚至挑战人类的道德底线，即使他的身体再健壮，我们也会说此人不是人，是衣冠禽兽。唤醒心灵是一件非常重要的事情，我们未必会指望一个小孩成才，但我们一定希望他能够成人，有一颗仁爱的心。

我曾经反复思考，童年可在多大程度上影响人心的走向呢？我的感觉是，童年对我们的影响可能远远超出我们的想象。从我个人而言，我觉得自己目前对是非、美丑、善恶等的基本认识，并没有超越童年时期即建立起来的相关认识。也就是说，童年时期我们所接受的真善美的教育，会影响我们整个人生。

举一个简单的例子。曾经有一位朋友问我，有没有哪一本书深深地打动了你，以至于只要想到这本书，你就有想要流泪的感觉？我认真地想了想，回答说：这样的书是有的，就是《安徒生童话》。我大概是在七八岁的时候第一次读《安徒生童话》，这差不多也是我读的第一部可以称为文学作品的书籍。直到今天，我仍然可以流畅地背诵叶君健先生翻译的《海的女儿》的开篇。

> 在海的远处，水是那么蓝，像最美丽的矢车菊花瓣，同时又是那么清，像最明亮的玻璃。然而它是很深很深，深得任何锚链都达不到底。要想从海底一直达到水面，必须有许多许多教堂尖塔一个接着一个地连起来才成。海底的人就住在这下面。

七八岁的时候，我生活在河北省承德市的一个普通县城。我只见过玻璃，我不知道矢车菊是什么样子。我也没有见过大海。我不知道什么叫锚链，更不知道什么叫教堂。但我仍然感觉，这些东西是那么美，我忍不住一遍一遍地看，直到把它们深深地印在心里。

不过，《海的女儿》打动我的，不只是这奇异的风景、美丽的文字，也不只是主人公——小美人鱼那长长的头发、优美的歌喉。它最打动我的，是海的女儿对爱、对灵魂的追求。为了爱人，小美人鱼可以牺牲自己的声音；而为了不灭的灵魂，她甚至可以牺牲自己的生命。这多么美，多么壮丽，多么崇高啊！

安徒生是北欧作家，北欧离中国水远山遥，但人类的心灵是相通的。时至今日，我完全理解安徒生为什么让海的女儿置身于那样一片美丽的海洋之中，因为我熟悉司马迁对屈原的评价：“其志洁，故其称物芳。”屈原为什么要写“香草美人”？那是因为他想以此来衬托自己的高洁。同样，海的女儿也一定是美丽的，因为她有最美的灵魂。她为了追求不灭的灵魂而牺牲生命，不正是《离骚》所讲的“亦余心之所善兮，虽九死其犹未悔”嘛！事实上，它还可以相当于孔子所说的“朝闻道，夕死可矣”。

生命诚可贵，任何物种都会为保全生命而殊死挣扎，但只有人类会舍生取义，会为了精神追求而放弃生命。在这个问题上，全人类的“良心”都是相通的。那么，这种追求理想、追求道义的“良心”是在什么时候形成的？它不见得非要到我们长大之后才形成。事实上，人还是“赤子”，也就是小孩子的时候，就已经有了判断是非、善恶的根苗。

有了这样的根苗，怎样让它开花结果呢？那就得靠唤醒。如何才能唤醒一颗沉睡的心灵呢？那就需要教育，需要读书。书里有那么多精彩的人生故事，有那么多美丽的心灵，读书不就等于是在和那么多的人交流嘛！古人说，“与善人居，如入芝兰之室，久而不闻其香，即与之化矣”。读着读着，潜移默化的影响就显现出来了。现在大家都在讲“大语文”，我觉得大语文不仅仅是一个学习语文的问题，更是一个学习德行的问题。毫无疑问，语文首先要教我们文辞之美。可是，如果我们感受到了美，就想要呵护美，这样一来，善念就出现了，德育也就蕴含在其中了。这就是大语文的力量，可唤醒孩子的心灵。

唤醒孩子的身体

唤醒孩子的心灵之外，还需要唤醒孩子的身体。唤醒身体不仅仅是一个强身健体的话题，它还有一个意义，就是让人形成向强、慕强的精神追求。

现在我国青少年的健康状况不容乐观。一些面对中小学生的调查表明，近视、肥胖、脊柱侧弯和心理疾病是困扰我国青少年的主要问题。在这四方面的问题中，前三项属于身体健康问题，第四项则属于精神健康问题。还有，最近几年教育部颁布的《国家学生体质健康标准》中的相关指标已经降低了很多。以初中女生800米耐力跑为例，按目前的标准，一名初中一年级的女生如果跑出4分55秒的成绩，即可及格；若跑出3分49秒的成绩，即可获得90分（即优秀）；若跑进3分35秒，则可以获得满分。实际上，相比较而言，我国20世纪80年代颁布的《国家体育锻炼标准》中的相关评分标准要高很多。两相对比，我们可以看出，在过去的40年间，中国社会高速发展，人民生活水平大幅提高，但我们的孩子的身体素质不仅没有随之提升，反倒下降了很多。

这样的问题应该怎么解决呢？最重要的方式就是唤醒身体，加强体育锻炼。

体育可以唤醒人的身体机能。这个道理，即使是古人也有朦胧的认识。还拿《红楼梦》举例。《红楼梦》里身体最弱的人是谁？无疑是林黛玉。林黛玉身体娇弱，在这种情况下，她是应该卧床静养，还是尽可能地动起来呢？看看贾宝玉给她的建议就知道了。

元妃省亲那天，贾府闹了整整一夜，所以接下来的几天大家都特别疲惫。林黛玉身体最弱，首先就顶不住了。书中是这样写的：

> 彼时黛玉自在床上歇午，丫鬟们皆出去自便，满屋内静悄悄的。宝玉揭起绣线软帘，进入里间，只见黛玉睡在那里，忙走上来推他道：“好妹妹，才吃了饭，又睡觉。”将黛玉唤醒。黛玉见是宝玉，因说道：“你且出去逛逛。我前儿闹了一夜，今儿还没有歇过来，浑身酸疼。”宝玉道：“酸疼事小，睡出来的病大。我替你解闷儿，混过困去就好了。”

清代画家改琦所绘林黛玉

什么意思？林黛玉那么娇弱，要不要直接卧床静养呢？贾宝玉可不这么想。他觉得越是困倦就越要挣扎着动起来，所以才缠着林黛玉，给她讲耗子精的故事，一直闹到她站起身来，追着打他才罢休。这不正说明贾宝玉明白，身体要运动才能健康吗？而且，身体的健康和精神的健康又有着内在的联系。一个人如果身体强壮，活动范围就会扩大，眼界、心胸也会随之开阔起来，就不容易消沉、抑郁。相反，身体虚弱的人活动范围小，朋友少，容易消沉、烦闷，时间久了，就会越发收缩在自己的小世界中，不仅身体会越来越虚弱，心灵也会越来越封闭，到最后不仅身体会生病，精神也会受影响。

体育也能唤醒人的奋斗意识和团结精神。很多人并不是运动员，但是也特别喜欢竞技体育，为什么呢？因为那种更高、更快、更强的追求本身就令人神往。在竞技体育中，无论成绩如何，每一个运动员都会竭尽所能，力求突破自己的身体极限，在这个过程中表现出来的昂扬斗志和奋斗精神特别激动人心。每个人奋斗的领域并不一样，但挑战自我、追求卓越的精神是共通的。所以，我们作为观众，也能和运动员同喜同悲，也能感受到体育的美妙之处，这就是体育对奋斗精神的唤醒。

还有一种唤醒，体现在团结协作的能力上。当代社会，家庭人口数量已经大大减少。虽然国家倡导生二孩、三孩，但在很多地方，特别是大中型城市，独生子女家庭仍然非常普遍。受生活环境的影响，独生子女很难在家庭生活中学会团结协作，也不大懂得分享。在这种情况下，运动就是一种很好的补救方案。事实上，团体运动最容易让人理解团结的力量。就拿接力跑来说吧。你这一棒没跑好，下一棒就会受影响，下下一棒还会受影响，整个团队有可能因此输掉比赛。反过来说，你这一棒没跑好，下一棒若可以弥补，下下一棒若能继续弥补，整个团队也可能赢得比赛。无论输赢，大家都是一个整体，共同承担风险，也共同分享荣耀。在这种情况下，每个人都会产生一种既尽己所能又跳出自我的意识，从而领悟到团结协作的力量，体会到分担与分享的乐趣。这也是体育的魅力，在唤醒身体的同时，可激活内在的精神。

唤醒孩子的头脑

除了要唤醒孩子的心灵、身体，还需要唤醒孩子的头脑。如果说唤醒心灵解决的是善恶之辨，唤醒身体解决的是强弱之辨，那么唤醒头脑解决的就是贤愚之辨。这其实也就是我们通常说的有学习能力还是没有学习能力的问题。

怎样让孩子获得学习能力呢？现在好多家长喜欢“鸡娃”，也就是给孩子“打鸡血”，不停地刺激孩子去拼搏。“鸡娃”最糟糕的状态是什么？家长“鸡”得很激动，娃却在那儿一动不动！这样的局面真是让人困惑，甚至让人绝望。为什么会出现这种局面呢？究其原因，无非就是孩子没有内动力。

还是拿《红楼梦》中的贾宝玉举例，他爸爸贾政“鸡”过他没有？薛宝钗“鸡”过他没有？史湘云“鸡”过他没有？这些人都曾经激励过他，都想把他拉到仕途经济的轨道上，但贾宝玉就是“我自岿然不动”。为什么会这样呢？他个人非常厌恶“仕途经济”，所以别人无论怎么努力“鸡”他，他都不认可、不同意。人没有内动力，也就不可能真的去学习。

相反，《红楼梦》里最励志的故事是什么？是香菱学诗。香菱原名甄英莲，本来也是好人家的姑娘，后来遭遇不幸，被人贩子拐走，最后被卖到薛家，成了薛蟠的小妾。香菱是个有慧根的人，她不甘心浑浑噩噩了此一生。看到林黛玉、薛宝钗、史湘云、贾探春等人聚到一起吟诗，她衷心地羡慕她们，也想向她们学习，做一个文雅高贵的女性。但是，作为薛蟠的侍妾，她平时并没有这个机会。可巧薛蟠自己闯祸，被人打了一顿，为了遮羞，干脆出远门了。这样一来，香菱终于得到机会，跟宝钗一起住进大观园。刚一闲下来，香菱马上就表现出了学习的热情。书中这样写道：

> 且说香菱见过众人之后，吃过晚饭，宝钗等都往贾母处去了，自己便往潇湘馆中来。此时黛玉已好了大半，见香菱也进园来住，自是欢喜。香菱因笑道：“我这一进来了，也得了空儿，好歹教给我作诗，就是我的造化了！”

黛玉是不是香菱一开始就选中的老师呢？其实并不是。香菱第一次拜师，原本想拜自家的姑娘薛宝钗。可是宝钗是个比较世故的人，她告诉香菱，你不要得陇望蜀，要先跟邻居搞好关系，把生活理顺了，再去想诗词这些精神追求。那香菱如何反应呢？她在宝钗这儿碰了壁，却并不气馁，马上又去找林黛玉了。从这一点上，也可以看出香菱的眼光来。我们经常说，下棋找高手，弄斧到班门。在整个大观园，文学水平最高的就是薛宝钗和林黛玉。宝钗拒绝了自己，香菱也不去找别人，马上就去找黛玉了。黛玉平时虽然有点小任性，却是一个直爽而善良的姑娘，她对香菱说：“既要作诗，你就拜我为师。我虽不通，大略也还教得起你。”

黛玉到底是怎么教的呢？她说：“词句究竟还是末事，第一立意要紧。若意趣真了，连词句不用修饰，自是好的，这叫作‘不以词害意’。”她还告诉香菱，作诗也要先打底子，打底子可不能东一榔头、西一棒子地乱看书，一定要细细揣摩三个人的作品。哪三个人呢？林黛玉说：“我这里有《王摩诘全集》，你且把他的五言律读一百首，细心揣摩透熟了，然后再读一二百首老杜的七言律，次再李青莲的七言绝句读一二百首。肚子里先有了这三个人作了底子，然后再把陶渊明、应玚、谢、阮、庾、鲍等人的一看。你又是一个极聪敏伶俐的人，不用一年的工夫，不愁不是诗翁了！”

香菱是怎么做的呢？书里写道：

> 香菱拿了诗，回至蘅芜苑中，诸事不顾，只向灯下一首一首的读起来。宝钗连催他数次睡觉，他也不睡。宝钗见他这般苦心，只得随他去了。

后来的事情大家也知道了，香菱开始学着写有关月亮的诗。她第一首没写好，便写第二首，第二首又没写好，便写第三首。写第三首时，她白天筋疲力尽，无法构思，到了夜间居然做梦梦出了一首诗，这首诗开头便是“精华欲掩料应难，影自娟娟魄自寒”。这仅仅是在写月亮吗？当然不是，这分明就是在写她自己。她是一个有着美好情操的姑娘，她的“精华”是掩盖不住的！就这样，香菱不仅作出了诗，也写出了自身的精神追求。她终于成了一个自己深深羡慕过的“才女”，在大观园中找到了自己的位置。

香菱学诗靠的是什么？就是内动力。所谓唤醒头脑，其实就是唤醒人自身的学习动力，唤醒孩子对未知世界的渴望。这一未知世界可以是写一首诗，可以是解一道题，可以是生命科学，可以是5G技术，可以是任何能够激发孩子热情的东西。人的内动力是高于一切外力的，有了这样的动力，人才会有孜孜以求的奋斗，才会有最后的成功。这就是古人说的“知之者不如好之者，好之者不如乐之者”，一旦觉得乐在其中，人的头脑也就开动起来了。

每个人的兴趣点和发展方向都是不一样的。我们期待孩子全面发展，与此同时也要尊重孩子的兴趣和爱好。所谓唤醒大脑，其实就是唤醒孩子大脑中的兴奋点，让它产生内动力，冒出小火花，继而生发出巨大能量。

总之，小学就是这样一个阶段，孩子在这个阶段需要学规矩、打基础，也需要被唤醒、被激发。在这个过程中，学校教育大概侧重于教知识，同时唤醒孩子的身体和头脑。但是，若说到立规矩和唤醒孩子的心灵，家庭教育则要承担起这个责任了。

家庭教育的优势

家庭教育的独特优势是什么？我认为家庭教育有四个方面的优势是学校教育不能替代的。

优势一：人皆可教

学校教育也倡导“人皆可教”，当年至圣先师孔子不就提出过“有教无类”吗？但是，我们也必须考虑现实情况。当代学校教育中，老师面对的是好几十人构成的班级。学生的学习能力有上、中、下之分，有人一点就通，也有人领悟得慢些。另外，学生的脾气性格也各不相同：有的学生活泼开朗，爱跟老师沟通；有的学生则害羞腼腆，害怕老师。这样一来，老师对他们的关注程度不可能完全一样。

但家庭教育不一样，孩子对家长来说是唯一的，无论如何，家长都会全情投入。如此说来，家长最为相信“人皆可教”的原则，也最乐于教育自己的孩子。

怎么教育呢？《论语》里的一段故事讲得特别好。孔子生活的时代，有一个地方叫互乡。大家都说，互乡这个地方的人不讲道理。有一次，一个互乡的孩子来拜访孔子，孔子也认真地接待了他，一点儿都没有歧视他。孔子的其他弟子都很困惑。他们问，这样的人，您怎么还要收他当学生呢？孔子说：

> 与其进也，不与其退也，唯何甚！人洁己以进，与其洁也，不保其往也。

意思是说，我赞赏他的进步，不赞赏他的倒退。人何必做得太过分呢？我爱他现在的干净，不在乎他过去如何。

我们对待孩子就要持孔夫子这种态度。不管孩子过去做了哪些不成体统的、让人焦躁的、让人烦恼的事情，从当下起，肯定他的每一点进步，期待他下一次的进步，这是家长最应该做的事情，也是家庭教育最温暖的地方。

其实，这也涉及教育的本质问题。教育的目的到底是什么呢？教育不一定能教出精英，但教育永远可以使人向更好的方向发展。成为精英需要天时、地利、人和，这里面确实包含天分的因素。比如，一个孩子最多能跳一张桌子那么高，而另一个孩子的起点就已经在天花板了，你怎能盲目要求这两个孩子日后达成同等的成就呢？这是任何教育都轻易做不到的事情。尽管如此，教育一定能让孩子在现有基础上做到更好。比如，一个孩子本来可以跳一张桌子那么高，那么我们就确保他最后真的能跳到桌子上，而不是他刚刚跳上椅子就止步不前。对于那些天分不是特别高的孩子而言，这样看起来成效不大而又非常磨人的教育只有家长能够做到，因为家长别无选择。

优势二：因材施教

家庭教育的另外一大优势是因材施教。可能有人会说，学校难道不是因材施教吗？的确，学校也愿意因材施教，但事实上大多数学校实施的是“均码式教育”。这是什么意思呢？所谓“均码”，就是只有一个码，不讲特殊性。我们现在对学校恰恰是这样要求的。在入学之前，有的孩子已经掌握三四千汉字，而有的孩子一个字都不识，那学校应该以谁为标准进行教育呢？必须以零起点为标准进行教育。学校必须将学生看作一个整体，设想他们是一样的，这才符合公平的原则，而事实上他们并不一样。但是家庭没有这样的困扰，在每个家庭中，孩子是独一无二的，和任何其他的孩子都不一样。这里的不一样是方方面面的，比如资质不一样、兴趣爱好不一样、学习习惯不一样等。家庭教育就是要以这些不一样为基础，为不同的孩子“量体裁衣”。

如果不懂得这个道理，你就会觉得很多教子的格言、警句都十分令人困扰，它们所说的原则并不相同，甚至是矛盾的。比如，我们现在经常说以爱育爱，这是多么动人的道理啊！但是民间有一种完全相反的说法，叫“棍棒底下出孝子”。这两个观点是不是彼此矛盾？

还有，古代有一个夸奖小孩的成语，叫“弱不好弄”，意思是孩子虽然还小，却不喜欢玩耍。同时，很多人可能听说过一句完全相反的民间谚语，叫“淘丫头出巧，淘小子出好”。那么问题就来了，孩子到底是喜欢玩好还是不喜欢玩好？

还有人常说“树大自直”，意思是说对小孩子不要管得太多，他长大后自然就明白道理了。但是我们还听过另外一个说法，《颜氏家训》讲：“教妇初来，教儿婴孩”。意思是说，儿媳妇一进门，小孩子一降生，就要教规矩。那么，小孩子到底应该从小接受教育，还是慢慢成长、慢慢开悟呢？

这些互相冲突的理念到底哪个对、哪个错？其实，这些理念原本无对无错，因为不同的理念针对的情况不一样。

就拿我自己为例吧，我小时候是个很调皮的孩子。有的小孩自尊心超强，一次考不好就会非常沮丧，甚至会大哭一场，而我的脸皮厚得多，对成绩并不怎么在乎。不仅如此，我还常常不写作业。老师没办法，只好请家长。就在我的爸爸妈妈面前，老师拿出我的作业本。我只写满了两三页，而很多同学都写满了一整本。老师说：“您二位都是搞教育的，孩子这样可不行啊！”我父母非常惭愧。怎么办呢？我爸爸在气头上，狠狠打了我一顿。我害怕了，于是开始好好写作业，考试成绩也从倒数几名变成了前几名。

这样看来，棍棒教育难道没有用吗？当然有用！但是，它只是对我，或者说我这样既调皮又心大的孩子有用。对那些性格敏感又懂事的孩子也施以棍棒教育，也许没有效果，甚至可能酿成大错。这就是各种教子格言相互矛盾的原因，也是“因材施教”的意义。

那么，一个孩子的“材”是怎样的到底应该由谁来判断呢？家长的判断更准确一些。家长和孩子朝夕相处，最了解自己的孩子。对自己的孩子用怎样的教育方式更合理，家长比老师更容易把握，也更有条件施行。

那么，因材施教到底要怎么做呢？我们来看看孔子是怎么做的？

子路问：“闻斯行诸？”子曰：“有父兄在，如之何其闻斯行之？”冉有问：“闻斯行诸？”子曰：“闻斯行之！”公西华曰：“由也问：‘闻斯行诸？’子曰：‘有父兄在。’求也问：‘闻斯行诸？’子曰‘闻斯行之！’

赤也惑，敢问。”子曰：“求也退，故进之；由也兼人，故退之。”

子路同学问孔子：“凡事一听到就要采取行动吗？”孔子说：“父亲和兄长都在，怎么能一听说就去做呢？无论如何也要征求一下他们的意见吧。”冉有同学也问孔子：“凡事一听到就应该采取行动吗？”孔子说：“当然，既然知道了，就大胆地做吧。”公西华同学很不理解，就问孔子：“仲由（子路）问‘一听到就行动吗’，您说‘父亲和兄长都在，怎么能一听到就行动呢？’冉求问‘一听到就行动吗’，您却说‘一听到就行动’。我有些糊涂了，斗胆请教老师。”孔子说：“冉求胆子小，平日做事退缩不前，所以我要激励他；仲由胆大好胜，所以我要压他一下，让他三思而后行。”

这就是因材施教的具体实践。孔子有3000多名弟子，其中有72位贤人。这些人都接受过他因材施教的教诲。既然如此，如今的家长只面对几个儿女，因材施教又有何不可呢？

南宋画家马远所绘《孔子像》

优势三：即事施教

家庭教育的第三个优势在于即事施教。所谓即事施教，是指每遇到一件事，就可有针对性地教育孩子一次。学校教育是计划教育。这节课讲数学，下节课讲语文，学校必须按照教学计划安排教学工作。家庭教育没有固定的课程，正因如此，家庭教育才有足够的灵活性，才能够随时根据遇到的问题，进行及时有效的教育。

举个例子。孩子在家里做游戏，摆了一地玩具。游戏结束后，玩具却并没有被收回原位。这个时候，家长就可以及时教育孩子，自己的事情自己做，自己弄乱房间自己要收拾好。那么，如果孩子问家长，为什么房间非要收拾得那么整齐？明天还要玩玩具，就把它丢在地上有何不可呢？家长就可以给孩子讲东汉陈蕃“一屋不扫，何以扫天下”的故事，告诉他，一个人如果连一点儿小事都做不好，又怎么能办成大事呢？另外，一个人的外在表现和内在心灵是一致的，同样，收拾房间和清洁心灵世界也是一致的。禅宗高僧神秀说：“身是菩提树，心如明镜台。时时勤拂拭，莫使惹尘埃。”意思是说，人的心灵要想干干净净，就要随时拂拭。同样，想要我们生活的环境干干净净，不也得勤于打扫吗？这就是即事施教。

再比如，过年的时候，家里会贴春联。有一副春联在全国各地都很流行：“天增岁月人增寿，春满乾坤福满门。”如果你家里也贴了这么一副春联，你就可以跟孩子解释为什么这副春联这么受欢迎了。这副对联确实不错。首先，它音韵好，平平仄仄平平仄，仄仄平平仄仄平，和格律诗的平仄规律完全一致，听上去就顺耳。其次，这副对联的意思也好。它运用了从大到小、从普遍到个别的写法。先看上联，“天增岁月”意味着整个宇宙都长了一年。天地运行，人事相随。与此同时，你家的人也都长了一岁。

“春满乾坤福满门”也是如此，春回大地，一片生机，是全方位的、普遍性的。这春意并不是没有落脚点。此刻它就到了你的家中，你的小家庭迎来了满满的春意，这就是“福满门”。整副对联从天道落实到人事，给人一派春光、一派祥和，人看了觉得大方明朗、喜气洋洋。你给孩子讲了这番审美的道理，还可以顺便告诉孩子写对联的规矩。其中，一个基本的规矩就是上联的尾字是仄声，下联的尾字是平声。贴对联也要注意这一点，否则就是贴反了。讲了写对联的规矩，讲了审美的原则，家长还可以带着孩子到街上转一转，比一比谁家的对联写得好，这不也是其乐融融的亲子互动吗？

再比如，冬天下雪了，孩子肯定特别高兴。这个时候，家长可以让孩子发挥想象力，形容一下雪像什么。雪到底像什么呢？中国古代有个著名的故事。

东晋宰相谢安在一个雪天和家里的晚辈一起赏雪，他问孩子们："这纷纷扬扬的大雪像什么呢？"他的侄子谢朗说："撒盐空中差可拟。"意思是说，下雪就像老天爷在空中撒盐。他的侄女谢道韫说："未若柳絮因风起。"意思是说，与其说下雪像老天爷在空中撒盐，倒不如说像柳絮被风吹起。

为什么"柳絮因风起"的说法比"空中撒盐"好？如果我们给孩子讲这个故事，孩子很可能会提这个问题。这个时候，我们就可以告诉孩子一番道理了。

首先，谢道韫和谢朗的比喻，谁的更好一些呢？要知道，谢道韫是东晋人，当时谢家生活在建康，也就是今天的南京。南京已经是江南了，江南的雪是什么样子呢？我们知道，江南的湿度大、温度高，所以江南的雪往往是片状的。有了这样的常识，我们再看这两个比喻。盐相对更沉，且是一粒一粒的，而柳絮因风起时是飘于空中的，且是一片一片的，哪一个更像江南的雪呢？当然是柳絮。

这还不够。古人打比方，有一种最基本的逻辑，那就是越美越好、越灵越好。把冬天写成冬天的样子，那很一般。如果把冬天写成春天的样子，那就是把冬天写“活”了。按照这个原则来思考“未若柳絮因风起”，是不是就找到感觉了呢？白雪纷飞的时节当然是冬天，冬天往往是萧瑟、肃杀的，人们在寒冬腊月的时候总是向往着生机勃勃的春天。正因为如此，中国古代最有名的咏雪诗不是“燕山雪花大如席，片片吹落轩辕台”，而是“忽如一夜春风来，千树万树梨花开”。想想看，把下雪想象成“千树万树梨花开”，不是和把雪想象成“柳絮因风起”是一个道理吗？这就把雪写美了、写活了。谢道韫当年不过是个十岁左右的少女，却能有这样聪慧敏感的心灵，了不起！从这以后，人们把女子的才华，特别是少女的才华，称为“咏絮之才”。《红楼梦》里，对林黛玉命运的评价，有一句不就是“堪怜咏絮才”嘛！

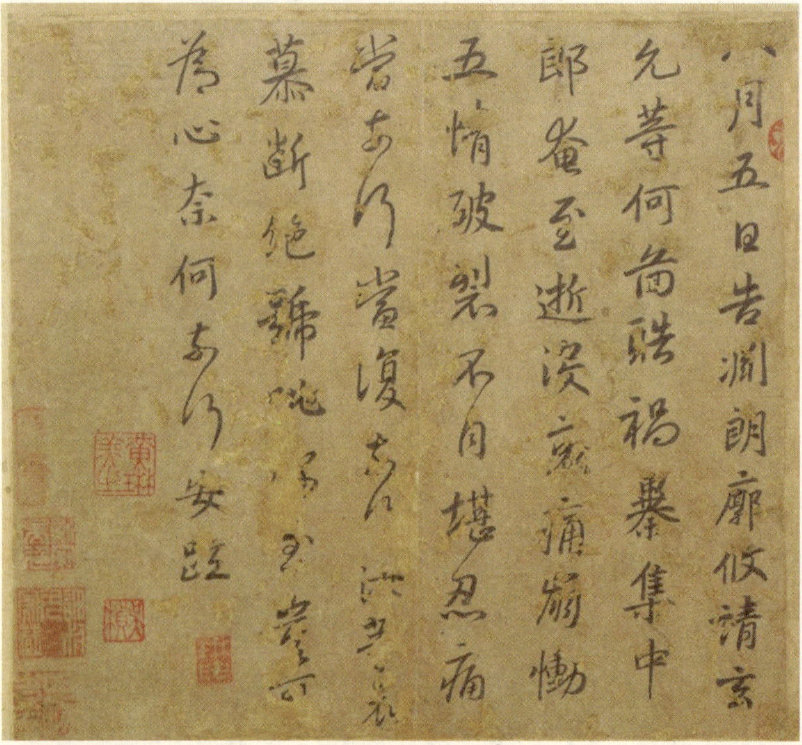
八月五日告渊朗廓攸靖玄
允等何图酷祸暴集中
郎奄至逝没哀痛崩恸
五情破裂不自堪忍痛
当奈何当复奈何汝等哀
慕断绝号咷深至岂可
为心奈何奈何安疏

谢安行书《中郎帖》

家长如果能这样对孩子进行即事施教，教育是不是就有针对性、有乐趣了呢？孩子日后写景状物也会想到父母的教诲，长大成人后也会回忆起小时候听父母讲故事、讲道理的温馨时刻。

可能有的家长会说，这要求也太高了吧？我也不知道为什么“柳絮因风起”就比“空中撒盐”好呀！没关系，你无须事事精通，你可以跟孩子一块儿学习。孩子有“十万个为什么”，家长有时完全可以对孩子说，我真的没有想过这个问题，咱们一起来查一查吧。然后，你就可以放心大胆地跟孩子一起查字典、查资料。如果查到了，那你们就可以获得共同的成长。

事实上，相比老师而言，承认自己不知道，恰恰是家长的独特优势。为了维护权威感，老师是轻易不能说“我不知道”的，但家长不需要背负这个重担。家长在自己的专业领域可能非常权威，但在一个非专业的领域，完全不需要摆出一副“万事通”的样子。恰恰相反，如果家长肯承认自己不知道，并且跟孩子说“咱们一起查一查”，那么孩子会非常快乐，也会真心实意地敬爱这样谦逊而好学的父母。

优势四：言传身教

家庭教育还有一个最重要的优势，那就是言传身教。当然，也有很多老师用自己高贵的灵魂和务实的行动去影响学生，比如我们深深敬仰的张桂梅校长。但无论如何，老师的教学工作以传授知识为主，这就注定老师是言传重于身教的。但是，家长时时刻刻生活在孩子身边，可以做到言传身教并行，甚至身教胜于言教。孩子是看着家长的背影长大的，而家长最重要的作用，就是在家里形成一种场域、一种风尚。

这种场域或者风尚，到底是什么样的呢？我们且以苏轼的《行香子·述怀》为例。这首词的下阕是这样写的：

虽抱文章，开口谁亲？
且陶陶、乐尽天真。
几时归去，作个闲人。
对一张琴，一壶酒，一溪云。

苏轼在这阕词里营造了一种什么样的场域？其实就是一种悠闲而清高的归隐状态。人们读到这阕词，自然会产生一种闲云野鹤般的心境。当然，我并不是说家庭也需要营造这样的氛围。我只是建议，按照这“一张琴，一壶酒，一溪云”的思路，去构想一下美好的家庭氛围。这个氛围是什么样子的呢？我个人倾向于两种状态的结合。一种状态是“一只球、一个场、一群人”；还有一种状态则是“一盏灯、一架书、一个人”。“一只球、一个场、一群人”是什么意思？它意味着该动的时候能动起来！球类运动是一种需要互相协作的运动。在一群人中，你不能只是自己动，还要配合其他人的节奏动。协作共赢，这是一种多么美好的状态呀！但是，人不能只会动，还要会静。静的时候是什么样子呢？那就是“一盏灯、一架书、一个人”。

一个人面对一盏孤灯、一架图书，不会觉得孤独，相反完全有能力神游上下五千年，纵横八万里。如果一个家庭能够营造出这种动静皆宜的场域，如果孩子能够在这两种场域之间切换自如，那么孩子就会进入一种令人羡慕的状态：沉得住气，静得下心，走得出去，想得出来。

“小学”与“大道”

最后，让我们回到本篇的主题——“小学”与“大道”。我们已经讲了很多有关“小学”的话题，那什么是“大道”？大道其实就是学习的最终目的。

教育到底有没有功利性

从本质上讲，教育既是功利的，又是非功利的。古人从来不回避教育的功利性。子夏说，“学而优则仕”。把“学”和“仕”紧密地联系在一起，这难道没有功利性吗？当然有。我国古代的劝学诗“朝为田舍郎，暮登天子堂。将相本无种，男儿当自强”，把学习和为将为相联系在一起，难道没有功利性吗？当然也有。若教育没有功利性，那么人们也会丧失对教育的追求。从这个角度讲，教育当然是有功利性的。

教育的大道

然而，教育最重要的本质不是功利，而是让人变得更美好。或者说，功利仅仅是教育可能获得的一个结果，但它不应该是教育的出发点。

教育的出发点是什么？就是让人变得更美好、更自由。教育能帮你认识什么是美，让你能够自然地追求美。“两个黄鹂鸣翠柳，一行白鹭上青天”，你能看出它有多美吗？“两个黄鹂鸣翠柳”，用黄和绿来搭配，这就是春天最娇艳的颜色；“一行白鹭上青天”，用白和青搭配，这就是春天最干净的颜色。春天不就是干净而娇艳的吗？你知道这是美的，你就可以实践这种美。怎么实践呢？你穿一条蓝色的牛仔裤，配一件白色的衬衫，这就是美的。如果你觉得这种配色稍显素淡，那么再搭一条黄色或者绿色的小丝巾，你就明媚起来了，这不就是美好吗？

自由也是如此。人在蒙昧的状态下是最不自由的。远古的时候，人们怕雷、怕闪电，那是因为他们不懂得相关科学道理。直到现在，我们也经常受偏见的控制。比如，有人会觉得，女孩子学不好数学，或者男孩子不应该喜欢《红楼梦》，这其实都是无知带来的偏见。你被偏见控制了，就没有了相应的自由。教育可让人增长知识，破除迷信，增强自信，消除偏见，最终让人更自由。

美好也好，自由也罢，对应的都是人的成长。这样看来，教育的大道就是育人，人的成长才是大道。古人说："三才者，天地人。三光者，日月星。"我们的文化从不轻视人。恰恰相反，我们坚信人顶天立地，参天地之造化。培养这样自尊又自信的人，才应是古往今来的教育真正的出发点和立足点。

最好的教子诗

最后，跟大家分享一首诗。它的作者是元代著名女书画家管道昇。很多人都知道，管道昇也是著名书画家赵孟頫的夫人。这对夫妻在中国文化史上享有崇高的地位，他们的儿孙也克绍箕裘，堪称典范。管道昇曾写过一首题画诗，这首诗涉及家庭教育的主题。诗云：

春晴今日又逢晴，闲与儿曹竹下行。
春意近来浓几许，森森稚子石边生。

这首诗的故事，我在这本书的第一部分已经讲过了。在这里旧事重提，我其实是想强调一个最重要的教子原则。教育孩子，成就家庭，最重要的原则是什么？其实就是信心和等待。就像森森竹笋最终会成长为一片茂密的竹林，孩子最终也会长大成人，承担起属于他们自己的家庭责任和社会责任。这个过程不可能一蹴而就，为什么不耐心一点儿，静静地等待呢？不过，等待并不是消极的。在等待的过程中，你一定要充满信心，满怀希望。因为信心和希望就像春风一样。没有春风，竹笋不可能破土而出。同样，没有信心和希望，孩子也不可能茁壮成长。这信心不是盲目的，这希望也不是赤裸裸的。你只要满含爱意注视孩子，再力所能及地拉孩子一把，孩子就会在时间中成长：成长为大树，有大树的威仪；成长为竹子，有竹子的

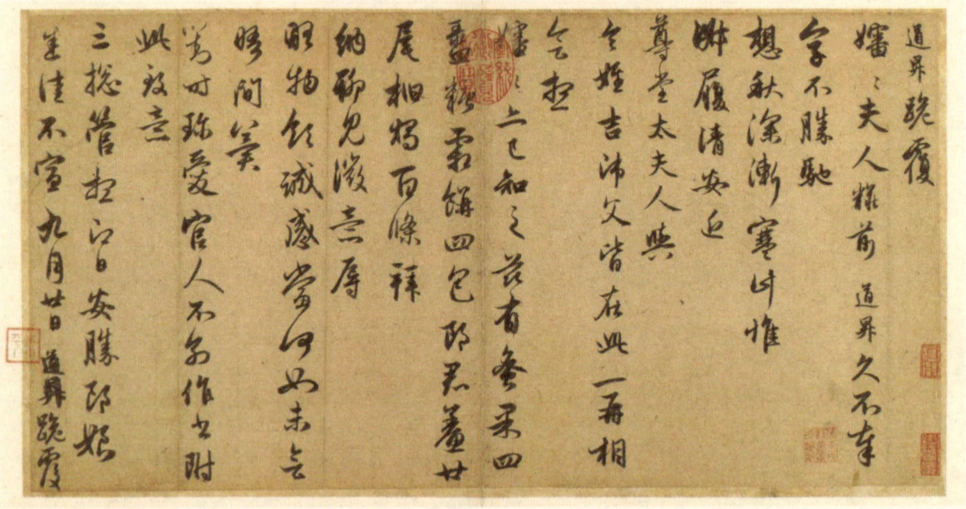

管道昇行书《秋深帖》

风度；成长为花朵，有花朵的艳丽；成长为小草，有小草的顽强。

孩子总会长成大人，竹笋总会长成竹子。在这个成长的过程中，能够相互陪伴，本身就是令人欣慰的。在欣慰的同时有期待，在期待的过程中又不强求，这就是管夫人的智慧。

全家人共同成长

管道昇和赵孟頫是幸福的。他们的九个子女中出了两位大书画家，一个叫赵雍，一个叫赵奕。他们的孙子赵麟和外孙王蒙也是大书画家。俗话说“富不过三代”，管夫人一门的精神财富，却能传之久远，这不得不让人感叹这一家门风之厚实。

在中国历代王朝中，元朝并不属于以文教发达著称的朝代。但是，元代的元仁宗做了一件令后人称道的文化盛事。他把赵孟頫、管道昇和赵雍的书法做成一个集子，收入秘府之中。他还说：“使后世知我朝有一家夫妇父子皆善书，亦奇事也。”元仁宗所说的这个“奇”体现在哪里？其实就是全家人的共同成长。

家庭教育的最高境界是什么？不是教出一个多么优秀的孩子，而是所有人都从家庭生活中受到了教育，收获了成长。只有这样的家庭才有幸福，只有这样的家教才令人神往。